格致方法·定量研究系列　吴晓刚　主编

广义线性模型：
一种统一的方法

[美] 杰夫·吉尔 (Jeff Gill) 著

王彦蓉 译　　　许多多 校

SAGE Publications ,Inc.

格致出版社　上海人民出版社

出版说明

由香港科技大学社会科学部吴晓刚教授主编的"格致方法·定量研究系列"丛书，精选了世界著名的SAGE出版社定量社会科学研究丛书，翻译成中文，起初集结成八册，于2011年出版。这套丛书自出版以来，受到广大读者特别是年轻一代社会科学工作者的热烈欢迎。为了给广大读者提供更多的方便和选择，该丛书经过修订和校正，于2012年以单行本的形式再次出版发行，共37本。我们衷心感谢广大读者的支持和建议。

随着与SAGE出版社合作的进一步深化，我们又从丛书中精选了三十多个品种，译成中文，以飨读者。丛书新增品种涵盖了更多的定量研究方法。我们希望本丛书单行本的继续出版能为推动国内社会科学定量研究的教学和研究作出一点贡献。

总 序

2003年，我赴港工作，在香港科技大学社会科学部教授研究生的两门核心定量方法课程。香港科技大学社会科学部自创建以来，非常重视社会科学研究方法论的训练。我开设的第一门课"社会科学里的统计学"（Statistics for Social Science）为所有研究型硕士生和博士生的必修课，而第二门课"社会科学中的定量分析"为博士生的必修课（事实上，大部分硕士生在修完第一门课后都会继续选修第二门课）。我在讲授这两门课的时候，根据社会科学研究生的数理基础比较薄弱的特点，尽量避免复杂的数学公式推导，而用具体的例子，结合语言和图形，帮助学生理解统计的基本概念和模型。课程的重点放在如何应用定量分析模型研究社会实际问题上，即社会研究者主要为定量统计方法的"消费者"而非"生产者"。作为"消费者"，学完这些课程后，我们一方面能够读懂、欣赏和评价别人在同行评议的刊物上发表的定量研究的文章；另一方面，也能在自己的研究中运用这些成熟的方法论技术。

上述两门课的内容，尽管在线性回归模型的内容上有少量重复，但各有侧重。"社会科学里的统计学"从介绍最基本的社会研究方法论和统计学原理开始，到多元线性回归模型结束，内容涵盖了描述性统计的基本方法、统计推论的原理、假设检验、列联表分析、方差和协方差分析、简单线性回归模型、多元线性回归模型，以及线性回归模型的假设和模型诊断。"社会科学中的定量分析"则介绍在经典线性回归模型的假设不成立的情况下的一些模型和方法，将重点放在因变量为定类数据的分析模型上，包括两分类的 logistic 回归模型、多分类 logistic 回归模型、定序 logistic 回归模型、条件 logistic 回归模型、多维列联表的对数线性和对数乘积模型、有关删节数据的模型、纵贯数据的分析模型，包括追踪研究和事件史的分析方法。这些模型在社会科学研究中有着更加广泛的应用。

修读过这些课程的香港科技大学的研究生，一直鼓励和支持我将两门课的讲稿结集出版，并帮助我将原来的英文课程讲稿译成了中文。但是，由于种种原因，这两本书拖了多年还没有完成。世界著名的出版社 SAGE 的"定量社会科学研究"丛书闻名遐迩，每本书都写得通俗易懂，与我的教学理念是相通的。当格致出版社向我提出从这套丛书中精选一批翻译，以飨中文读者时，我非常支持这个想法，因为这从某种程度上弥补了我的教科书未能出版的遗憾。

翻译是一件吃力不讨好的事。不但要有对中英文两种语言的精准把握能力，还要有对实质内容有较深的理解能力，而这套丛书涵盖的又恰恰是社会科学中技术性非常强的内容，只有语言能力是远远不能胜任的。在短短的一年时间里，我们组织了来自中国内地及香港、台湾地区的二十几位研究生参与了这项工程,他们当时大部分是香港科技大学的硕士和博士研究生,受过严格的社会科学统计方法的训练,也有来自美国等地对定量研究感兴趣的博士研究生。他们是香港科技大学社会科学部博士研究生蒋勤、李骏、盛智明、叶华、张卓妮、郑冰岛,硕士研究生贺光烨、李兰、林毓玲、肖东亮、辛济云、於嘉、余珊珊,应用社会经济研究中心研究员李俊秀;香港大学教育学院博士研究生洪岩璧;北京大学社会学系博士研究生李丁、赵亮员;中国人民大学人口学系讲师巫锡炜;中国台湾"中央"研究院社会学所助理研究员林宗弘;南京师范大学心理学系副教授陈陈;美国北卡罗来纳大学教堂山分校社会学系博士候选人姜念涛;美国加州大学洛杉矶分校社会学系博士研究生宋曦;哈佛大学社会学系博士研究生郭茂灿和周韵。

参与这项工作的许多译者目前都已经毕业,大多成为中国内地以及香港、台湾等地区高校和研究机构定量社会科学方法教学和研究的骨干。不少译者反映,翻译工作本身也是他们学习相关定量方法的有效途径。鉴于此,当格致出版社和 SAGE 出版社决定在"格致方法·定量研究系列"丛书中推出另外一批新品种时,香港科技大学社会科学部的研究生仍然是主要力量。特别值得一提的是,香港科技大学应用社会经济研究中心与上海大学社会学院自 2012 年夏季开始,在上海(夏季)和广州南沙(冬季)联合举办《应用社会科学研究方法研修班》,至今已经成功举办三届。研修课程设计体现"化整为零、循序渐进、中文教学、学以致用"的方针,吸引了一大批有志于从事定量社会科学研究的博士生和青年学者。他们中的不少人也参与了翻译和校对的工作。他们在繁忙的学习和研究之余，历经近两年的时间，完成了三十多本新书的翻译任务，使得"格致方法·定量研究系列"丛书更加丰富和完善。他们是：东南大学社会学系副教授洪岩璧，香港科技大学社会科学部博士研究生贺光烨、李忠路、王佳、王彦蓉、许多多，硕士研究生范新光、缪佳、武玲蔚、臧晓露、曾东林，原硕士研究生李兰，密歇根大学社会学系博士研究生王骁，纽约大学社会学系博士研究生温芳琪，牛津大学社会学系研究生周穆之，上海大学社会学院博士研究生陈伟等。

陈伟、范新光、贺光烨、洪岩璧、李忠路、缪佳、王佳、武玲蔚、许多多、曾东林、周穆之，以及香港科技大学社会科学部硕士研究生陈佳莹，上海大学社会学院硕士研究生梁海祥还协助主编做了大量的审校工作。格致出版社编辑高璇不遗余力地推动本丛书的继续出版，并且在这个过程中表现出极大的耐心和高度的专业精神。对他们付出的劳动，我在此致以诚挚的谢意。当然，每本书因本身内容和译者的行文风格有所差异，校对未免挂一漏万，术语的标准译法方面还有很大的改进空间。我们欢迎广大读者提出建设性的批评和建议，以便再版时修订。

我们希望本丛书的持续出版，能为进一步提升国内社会科学定量教学和研究水平作出一点贡献。

吴晓刚

于香港九龙清水湾

目 录

序

    用普通最小二乘法（OLS）估计基本的线性模型是对数据进行分析的一个好的起点，但可能不会是一个好的终点。普通最小二乘法建立在高斯-马尔科夫假设基础上，从概念上讲，它是强有效的，但是在实际中却难以满足。一方面，如果因变量是偏态的或者是分类变量，分析者就需要把 OLS 转为 logit 模型来估计。另一方面，分析者可能会诉诸概率模型（probit），并查阅专著来进行比较。又或者，变量可能是删截的或者包含事件计数，因此布林（Breen）所著的《回归模型：删截的、样本抽选的或是截断的数据》和艾利森（Allison）的《事件史分析（第二版）》值得更多的关注。

    这些不同于 OLS 的新的尝试很好，但问题是它们是支离破碎的。通过具体的操作，可以对每一条被违背的假设都单独做出处理，但这么做却忽视了关注问题和方法间的有机联系。在这里，吉尔教授在《广义线性模型》中提供了统一的分类方法，涵盖了基本的线性模型、logit 模型和其他概率模型。首先，吉尔教授把常见的概率密度和概率质量函数归在一起，正如指数族一样。然后，发展了指数族分布的最大似然函数。接下来的部分就是这部专著的核心（第4章）——通过兼容离散和有界因变量的连接函数将线性模型一般化。

至于软件，目前大部分权威的软件包都支持广义线性模型以及它迭代加权最小二乘法（IWLS）的算法。为了说明IWLS的应用和对系数的解释，作者提供了大量基于现实世界中社会科学的数据而进行的原始模型的练习。他审视了以下问题：美国各州的死刑、新苏格兰议会的税务投票、加利福尼亚州的标准教育考试、国会委员会条例草案的工作分配、世界铜价。例子的广泛与多样可以使读者对这种方法产生的结果感到满意。

在广义线性模型中，残差和模型拟合等问题与其在基本线性模型中一样重要，尽管在前者中达到可接受的表现基准要更难。尽管这些残差通常不是正态分布的，正态性依然是一项有用的诊断标准。五种不同的残差有待检验：响应残差、皮尔森残差、工作残差、安斯库姆残差和偏差残差。在吉尔教授看来，偏差残差是最有用的。对于模型拟合度，这里也有五个选择：卡方近似值、赤池信息准则（AIC）、施瓦茨准则，图以及概括的偏差统计（这是作者所偏好的）。

在社会科学研究中，奥卡姆剃刀原理有着相当高的价值。OLS的一般性假设很少，可以使研究者在研究的路上走得很远。但是，区间测量和正态性的要求却是这条路上的障碍。吉尔教授曾经谨慎地表明，广义线性模型可以帮助我们移除那些障碍，与此同时，保持简约的原则。

迈克尔·S.刘易斯-贝克

第 **1** 章

介　绍

　　社会学家采用广泛的数据分析方法来探究和解释各种经验性的现象。这其中相当大一部分的工具是从应用统计学批量引进的。这种方法富有成效，因为社会科学研究者遇到的大多数问题都可以由发展成熟和随时可得的统计方法解决。不幸的是，在这些知识的传播过程中，技术和方法有时会不必要地被当成是独一无二的。这一点尤其适用于那些回归方法：logit 模型和概率模型、截断分布模型、事件计数模型、概率结果模型和基本线性模型，所有这些（以及更多的模型）都是广义线性模型的特殊情况：一种产生模型参数估计的单一方法。

　　典型的社会科学研究生的方法教育始于学习线性模型（事实上，有时也止于此），接着介绍离散选择模型、生存模型、计数模型及其他。这导致了一种分隔且有限的世界观。同时，它也意味着很多特殊的步骤、模型设定和诊断必须分开学习。相反，在本书中，所有这些方法都可以看成一种广义方法的特殊情况。因此，这本书通过整合看似不同的方法来达到对其他课本的补充。

　　这本专著解释并说明了一种在社会学里应用回归模型的统一方法。一旦理解了一般框架，就可以很容易地通过结果变量的结构与其离散性质来选择合适的模型结构。这一过程不仅引导我们对模型的理论基础有一个更好的理解，而且可以增强研究者对于新数据类型的灵活性使用。广义线性模型背后的基本原则是线性模型的系统成分可以被转化，从而形成近似于标准线性模型的研究框架，但它也适应于非正态和非区间的结果变量。高斯-马尔科夫假设作为线性模型理论的基础，要求误差项符合均值为零并且方差恒定的独立分布。如果结果变量不服从正态分布，即使线性模型在轻微偏差的情况下稳健，这些假设也常常不能被满足，而且会使估计的有效性出现严重的错误。广义线性模型采用"连接函数"（定义为数据的系统成分和结果变量之间的关系）使得渐进正态性和方差恒常不再成为必然要求（但是，假设观测值之间的不相关仍然很重要）。这就使得许多模型的产生可以不再受标准线性理论的限制。

为了可以统一貌似多样的概率模型，一般性的方法是首先将普通的概率密度函数和概率质量函数改为一个统一的指数族形式。这有助于发展用于潜在转换线性模型的原理，使之成为更加严密和全面的理论处理方式。由内尔德和韦德伯恩（Nelder & Wedderburn, 1972）阐述的统一处理方法表明，对应用统计工作所得结论的理解可以通过广义理论的进一步发展被大大加强。

这里所强调的是广义线性模型的理论基础，而不是一堆应用。因此，我大部分的精力会花在支撑这个结构的数学统计理论上。会用一些熟悉的分布作为例子，但是理论的强调就意味着读者将需要能够针对自己数据分析的具体应用发展出相应的广义线性模型设定。

第 1 节 │ 模型设定

乔治·博克斯(George Box)曾经宣称所有的模型都是错的，只有一些是有用的。这是一种基于对提供的信息进行必要的简化并删截后而发展统计模型的观察。模型设定是一个决定数据的哪些特征是重要的而哪些又是不需要的过程。这一过程的着眼点就在于决定哪些解释变量应该被包括，哪些应该被忽略，在解释变量和因变量之间设定数学和概率性的关系，并且设定关系成立的标准。由模型设定和执行产生的汇总统计数据很有希望为那些未知总体的主要参数提供充足的统计上和通俗意义上的了解。

事实上，模型设定比科学更具有艺术性，因为从些许因素中便可以衍生出数量巨大的潜在具体模型。[1]通常，研究者对模型设定的其中一部分有理论依据，而且在很多领域，模型的囊括是基于传统的。这一过程的基础是在简约和拟和之间进行权衡。设定简约的模型之所以有效是因为它忽视了那些不是很重要的效应。这些模型可以高度概括是因为应用的条件更容易达到（宽口径）。但是，模型变得越简单，在保持其他条件恒定的情况下，由均值 μ 所描述的因变量的表现也会变得越极端，误差项也更有可能包含重要的系统信息。最糟的情况是，这会导致有偏误的估计值。并且，一旦模型中有任何随机的因素，不论它会不会导致偏差，这个模型从上面提到的博克斯的角度来讲都可以说是错误的。

我们也可以建立一个完全正确的模型，即使它会局限于不能描述数据的潜在结构。这种模型叫做饱和模型或者全模型，它的一组参数等于数据点的个数，每一个都由一个指标函数作出索引。因此每一个参数都是精准无误的，因为它完美地描述了一个观测数据点的位置。但是，这种模型没有进行数据归约，推论的价值也是有限的。[2] 饱和模型是非常有用的探索工具，它允许我们以此为基准来检测假设的模型设定（参看 Lindsey, 1997:214—215; Neter, Kutner, Nachtsheim & Wasserman, 1996:586—587）。稍后，我们会看到，在检验模型设定的拟合质量时，饱和模型是产生类似残差的偏差所必不可少的。典型的统计模型不同于饱和模型，因为它们试图缩减观测数据的数据量和复杂程度以总结出少量的汇总统计。这些模型用简洁性来换取确定性，并对潜在的总体值做出推论性的结论。由此估计产生的参数值从表面上看是错误的，但是通过提供不确定性的关联程度，可靠度是可以被检测的。

总体上来讲，模型设定的目的是要产生一组由模型而来的拟合值 $\hat{\mathbf{Y}}$，它近似于观测的因变量值 $\mathbf{Y}$。$\hat{\mathbf{Y}}$ 和 $\mathbf{Y}$ 越接近，我们会感觉到模型越准确地描述了现实。但是，这个目标不是唯一的，我们也不能简单地满足于饱和模型。因此，一个好的模型会在简洁性和拟合度这两个相冲突的目标之间进行权衡。

广义线性模型与常规的线性模型在模型设定的过程方面没有什么大的不同，只是广义线性模型包含了可以适应非连续和有界因变量的连接函数。因此，依然需要警戒所有来自数据的挖掘、凭空的猜测、逆概率的误释以及概率理论的证实等方面的威胁（Gill，1999；Greenwald，1975；Leamer，1978；Lindsay，1995；Miller，1990；Rozeboom，1960）。同样重要的是，单独的一组数据就可以引出许多完美而可行的模型设定和随后大量的结论（Raftery，1995）。

我们也应该注意一些重要的限制性条件。广义线性模型要求样本是不相关的。它也适用于时间序列和空间问题，但是要有附加和复杂的优化处理。同时，在模型中只能有一个设定的误差项。然而，这个误差项不必像在线性模型中那样遵从常数方差的渐进正态分布，在基本的框架中也排除了类似有多层误差项的组平均模型的方法。最后，广义线性模型本身是参数化的，因为似然函数的形式完全由研究者来定义。通过使用平滑工具来放宽要求会导致更灵活却也更复杂的形式：广义加法模型（Hastie & Tibshirani，1990）。

第 2 节 | 前提和初探

概率分布

随机变量的分布由它们的概率质量函数（离散变量的情况，PMF）或者概率密度函数（连续变量的情况，PDF）来描述。概率质量函数和概率密度函数仅仅是关于一些随机变量 Y 在定义域内（支撑集）分布的概率性陈述（更确切地说，是概率函数）。在离散变量的情况下，$P(Y=y)$ 用来表示随机变量 Y 对于观测值 y 的概率，在连续变量的情况下，我们用 $f(y)$。如果随机变量取决于已知或者未知的项，那么通常在注释中需要明确地说明这一关系。比如说，一个正态随机变量的分布取决于总体的均值（μ）和方差（σ^2），因此可以表示为 $f(y|\mu, \sigma^2)$。

例 1.1：在单位区间的均匀分布。一个在 $[0, 1]$ 区间均匀分布的变量有如下的概率函数，

k 类离散变量情况（PMF）：

$$P(Y=y) = \begin{cases} \dfrac{1}{k} & (y=1, 2, \cdots, k) \\ 0 & (在其他情况时) \end{cases}$$

连续变量情况（PDF）：

$$f(y) = \begin{cases} \dfrac{1}{b-a} & (a=0 \leqslant y \leqslant b=1) \\ 0 & (在其他情况时) \end{cases} \qquad [1.1]$$

这里没有歧义。一个均匀随机变量在[0，1]区间可以是离散的，也可以是连续的。一个离散的例子是对抛一枚匀称硬币的结果进行编码，连续的例子可能是一名法官决策的非条件性概率。一个关键的要求是这些具体的 PMF 或者 PDF 要描述数据产生过程的特征：边界和概率的不同。描述在一些未知范围下（在这里是[0，1]）的等概率事件时，均匀分布是有用的。

想要很好地定义概率函数，必须要有一些数学条件。概率分布必须对一些测度（measure）进行定义，也就是说，要在一些测量空间内设定。这就意味着，概率函数只有在一定的测量空间内才有意义，而在应用的测量空间内，结果变量才存在一些结构。要定义一个 σ 代数作为一组结果，它包括：（1）全样本空间（所有可能的结果）；（2）任何涵盖结果的补充；（3）包含任何可数结果集合的统一性质。测度是一个将非负值赋予结果和 σ 代数中一系列结果的函数。测度的典型例子是勒贝格内测度：在一些设定好的 k 维有限欧几里得空间内，设定的子集可以被唯一地识别。另外一个恰当的测度是计数测度，是简单的一组从零到无穷或者一些指定限度的整数。因此，这些测度塑造了结果的概率属性。

简言之，在给定的测度内，一个概率函数要求在概率为 1 时一定要发生某些事，而在概率为 0 时什么也不发生，并且不相交的事件的概率总和等于这些事件的结合的概率。进一步说,概率在这个测度上被限定在 0 到 1 之间,任何在此测度之外的事件的发生概率均为 0。这种理论上的整理对于避免负概率和不完整样本空间之类的反常现象是有必要的。同时,还要求 PMF 加总之后是 1,PDF 的总和也是 1(这样才能被称做"合理的")。对这些规定的违反相当于说概率函数一律低估或者高估了事件发生的概率。

我会经常谈到"分布族"来暗示参数可以改变概率函数的性质。比如,高斯正态分布族是一组为人熟知的单峰对称分布,由 μ 决定位置,由 σ^2 决定离散度或数值范围。族的理念很有用,因为它提醒我们它们在数学形式上相似,改变的仅仅是设定的参数值。我会在推导广义线性模型的过程中特别关注指数族的分布。

线性模型

假设读者熟悉由矩阵表示的多元线性回归模型:

$$\mathbf{Y} = \mathbf{X\beta} + \mathbf{\varepsilon} \qquad [1.2]$$

$\mathbf{Y}$ 是一个 $n \times 1$ 的包含结果变量的列向量,$\mathbf{X}$ 是一个 $n \times k$ 的解释变量的矩阵,秩为 k,首列列向量均为 1,$\mathbf{\beta}$ 是估计系数的 $k \times 1$ 的列向量,$\mathbf{\varepsilon}$ 是一个 $n \times 1$ 的扰动项的列向量。在方程式的右边,$\mathbf{X\beta}$ 叫做系统因素,$\mathbf{\varepsilon}$ 叫做随机因素。

正如其名所示,广义线性模型是建立在追溯到 19 世纪(高斯和勒让德)的经典线性模型框架之上的。线性模型要求一系列严格的假设。高斯-马尔科夫定理规定,如果:

　　1. 每一个解释变量与结果变量的关系在结构上近似于线性。

　　2. 残差是独立的，均值为 0，方差恒定。

　　3. 任何回归量和扰动项之间都没有关联。

那么，我们就得到了回归系数的无偏最小二乘估计，它在所有的无偏线性可选方案中，总方差最低。前两个规定在广义线性模型中可以被取消，第三个在更高级的形式下也可以被放宽。但是，我们必须知道方差与均值函数的相关性（除非是在准似然函数基础上的扩展）。广义线性模型分析解释变量效应的方法类似于在标准线性模型中分析协变量，只是后者的假设远远没有那么受限。关键是对连接函数的设定，它连接线性模型中的系统因素（**Xβ**）和范围更广的结果变量以及残差项。

线性代数和微积分

　　我们会用矩阵表示法来讨论模型和结果，但是对线性代数内容的要求不会超出格林的论述（Greene，2000：第 1 章），或本科介绍线性代数课本的前半部分。一些有限的微积分知识有利于理解广义线性模型的理论基础。这部专著假设读者的微积分水平大致在克莱普纳和拉姆齐（Kleppner & Ramsey，1985）的《微积分速成》（*Quick Calculus*）一书或者在第一学期课程的水平上。对于没有微积分知识的读者，尽管可能会难以跟上一些推导过程，但这部分的讨论依然是有用的。

软件

在实践中应用必然有助于理解广义线性模型。正因为如此，在作者的网页 http://web.clas.ufl.edu/~jgill 里，免费提供了例子中所用到的软件、命令文本、支持文件、数据和一些拓展的数学推导。囊括的资源和实例有普遍用途，也适用于多种程序包环境：Splus、R、Gauss、SAS、SPSS、Stata 和LIMDEP。

起初，广义线性交互模型（Generalized Linear Interactive Modeling，GLIM，Baker & Nelder，1978）是唯一支持广义线性模型和包括相应的数值技术（迭代加权的最小二乘法）的程序包。但是，现在每一个流行的程序包实际上都有了适当的程序。不可否认，GLIM 对广义线性模型的发展曾经有深远的影响。曾被广泛应用的最新版本 GLIM 4 目前已经被逐渐淘汰，因此，作者的网页上没有包括其软件支持。

第 3 节 │ **前景**

    本书的具体安排如下：首先，我会详细讨论指数族的分布。这之所以重要是因为广义线性模型的基本设置仅仅应用于适合这类的参数形式。接着我会推导普通指数族的似然函数，并从中得出均值和方差函数。统一的方法在这里显而易见，因为不论概率函数的原始形式如何，导出的矩都有着完全相同的表达方式。下一部分介绍线性结构和允许产生一般化的连接函数，这一理念代表了理论的核心。然后介绍广义线性模型的计算估计过程，最后详细讨论残差和模型的拟合。我们会用实际数据的例子来说明广义线性模型的应用。

第 **2** 章

指数族

　　广义线性模型的理论发展建立在指数族分布的基础上。[3]这一形式化把熟知的函数简单地塑造成在理论上更有用的公式，并在似乎不同的数学形式之间诠释相同点。应当注意的是，指数族形式是指一种将所有表示为 PDF 和 PMF 的项移入指数来提供普遍表示的方法。这并不意味着它与众所周知的指数概率密度函数有制约关系。但是，广义线性模型要求参数化设定要局限于那些可以被转化为指数族形式的情况，这么做纯粹是计算方面的原因。

第 1 节 │ **论证**

费希尔(Fisher，1934)发展出如下观点:许多普遍应用的概率质量函数和概率密度函数其实仅仅是被他称为指数族的普遍分类下的具体情况。基本的观点是要确认一个一般化的数学结构,其中,一致标示的子函数描述个体间的不同特征。"指数族"的叫法出于常规,因为子函数包含于自然指数函数的指数部分(也就是无理数 $e = 2.718\,281\cdots$ 的指定次幂)。这并不是一个严格的要求,因为任何不在指数项的子函数都可以被它的自然对数取代。

将一个普通熟知的函数重新参数化为指数形式的主要好处是孤立的子函数会很自然地在不丢失信息的情况下将大的数据库简洁地总结为很少的统计数字。特别是,指数族形式可以为未知的参数产生出充分统计量。一些参数的充分统计量是指它包含了给定数据库关于该参数的所有有效信息。比如,假设我们对估计一些均匀分布的随机变量的真实极差 $[a, b]$ 感兴趣(例 1.1,但界限被一般化): $X_i \in [a, b] \forall X_i$,那么一个充分统计量是包含第一阶和最后一阶统计值的向量:来自样本量是 n 的样本 $[x_{(1)}, x_{(n)}]$ (也就是样本值中最小和最大的)。我们不能从数据中构建出其他的因素和其他的统计数据来提供关于界限的更多信息。因此, $[x_{(1)}, x_{(n)}]$

提供了"充分的"关于给定数据未知参数的信息。

指数族概率函数拥有所有的矩（Barndorff-Nielsen，1978:114）。关于一个随机变量的任意点的第 n 个矩，a 是 $\mu_n = E[(X-a)^n]$，如果 a 等于 X 的期望值，那么这就叫做第 n 个中心矩。一阶矩是随机变量 X 的算术平均数，二阶矩和一阶矩的平方可以用来得到方差：$VAR[X] = E[X^2] - E[X]^2$。尽管我们一般只对一阶矩和二阶矩感兴趣，但是无穷矩的性质在更加复杂的设置中评估更高阶的矩是非常有用的。一般来说，计算产生函数的矩和产生指数族形式的函数累积量是简明的。这些都是可以简单地通过速算提供任何想要的矩或者累计量（对数矩）的函数。

两种重要的概率密度函数不是指数族的成员。t 分布和均匀分布都不能用方程[2.1]的形式来表示。一般来说，那些参数化取决于界值的概率函数，如均匀分布，都不是指数族的成员。即使一个概率函数不是指数族的成员，在特殊的情况下，它仍可以合格。韦伯（Weibull）概率密度函数（在建模失败的情况下有用）$f(y \mid \gamma, \beta) = (\gamma/\beta)y^{\gamma-1}\exp(-y^\gamma/\beta)$（当 $x \geqslant 0$，且 $\gamma > 0$，$\beta > 0$）不是指数族的形式，因为它不能被改写成方程[2.2]所要求的形式。但是，如果 γ 是已知的（或者我们愿意设定一个估计），那么韦伯概率密度函数就可简化为一个指数族的形式。

一些被广泛用于广义线性模型的指数族成员在这里就不予讨论了，它们包括贝塔（beta）、多项、曲线正态、狄利克雷（Dirichlet）、帕累托（Pareto）和逆伽玛（inverse gamma）。本书的理论关注旨在为读者能够成功应对这样或那样的分布形式提供必要的解释。

第 2 节 | **推导**

假设我们考量一个随机变量 Z 的单一参数条件概率密度函数或概率质量函数的形式：$f(z \mid \zeta)$，可以读做"给定 zeta，z 的 f"。这个函数，或者更具体地说，这类 PDF 族或者 PMF 族，可以被划定为指数族，前提是它可以被写成如下的形式：

$$f(z \mid \zeta) = \exp[t(z)u(\zeta)]r(z)s(\zeta) \qquad [2.1]$$

在这里，r 和 t 是独立于 ζ 的 z 的实值函数，并且 s 和 u 是独立于 z 的 ζ 的实值函数，并且 $r(z) > 0$，$s(\zeta) > 0 \, \forall z$, ζ。

再者，方程[2.1]可以被很容易地改写为：

$$f(z \mid \zeta) = \exp[\underbrace{t(z)u(\zeta)}_{\text{交互作用分量}} + \underbrace{\log(r(z)) + \log(s(\zeta))}_{\text{加叠分量}}]$$

$$[2.2]$$

方程右边的第二部分标记为"加叠分量"，因为加总的部分对于 z 和 ζ 是明显累加的。右边的第一部分标记为"交互作用分量"是因为它令人联想起标准线性模型中两个参数的交互特征。换句话说，这一分量反映了 z 和 ζ 之间难以区分的相乘关系。需要注意的是，交互作用分量必须把 $t(z)\mu(\zeta)$ 设定为严格的乘法方式。因此像韦伯概率密度函数的指数部分

$-(1/\beta)y^{\gamma}$ 是被排除在指数族分类之外的。

此外，方程[2.2]的指数结构在随机抽样的情况下依然存在，像独立同分布(i.i.d) $\mathbf{Z} = \{Z_1, Z_2, \cdots, Z_n\}$ 的联合密度函数就是：

$$f(\mathbf{z} \mid \zeta) = \exp\Big[u(\zeta)\sum_{i=1}^{n}t(z_i)$$
$$+ \sum_{i=1}^{n}\log(r(z_i)) + n\log(s(\zeta))\Big] \qquad [2.3]$$

这意味着一个有着指数族边际分布变量的系统随机样本，其联合分布也是指数族的形式。在接下来的章节中，用方程[2.2]发展广义线性模型的理论相对简便，但一旦用到数据，方程[2.3]的联合密度函数是更合适的形式。幸运的是，因为联合密度函数也是指数族的形式，所以并不失一般性。如果要使阐述更明白易懂，可以在方程[2.2]加入一个数据指数的下标 i：

$$f(z_i \mid \zeta) = \exp\big[(t(z_i)u(\zeta) + \log(r(z_i)) + \log(s(\zeta))\big]$$

第 3 节 ｜ **典型形式**

　　典型形式是一种非常有助于如第 3 章所示的矩计算的简化形式。它是一对一的对概率函数项的转化（也就是，这一函数的逆函数会返回同一个值），以此减少记号的复杂性并揭示其结构。当函数中的项的形式直接描述数据时，用指数族形式显得更加容易。

　　如果在方程[2.2]中 $t(z) = z$，那么我们就说 PDF 或者 PMF 是随机变量 Z 的典型形式，否则我们可以做简单的转化：$y = t(z)$ 来实现典型形式。类似地，如果在方程[2.2]中 $\mu(\zeta) = \zeta$，那么这个 PDF 或者 PMF 就是参数 ζ 的典型形式。如果不是，我们就可以再次通过转换 $\theta = \mu(\zeta)$ 来得到典型形式，并且称 θ 为典型参数。

　　在许多情况下，如果典型形式已经存在或者各种指数族分布的转换函数已经列成表，就不需要进行这些转换了。转换后的最终形式是如下的一般表达式：

$$f(y \mid \theta) = \exp[y\theta + b(\theta) + c(y)] \qquad [2.4]$$

注意，只有同时包含 y 和 θ 的项是相乘项。麦卡拉和内尔德（McCullagh & Nelder, 1989:30）叫 $b(\theta)$ 为"累积量函数"，但是 $b(\theta)$ 也常常被叫做"归一化常数"，因为它是唯一一个数据的非函数(nonfunction)，因此可以被巧妙地处理来确保方程[2.4]的总和或者积分为1。在这里，这点并不重要，因为方程[2.4]所有普遍应用的形式在这方面都表现得很好。更重要的是，$b(\theta)$在计算分布的矩方面发挥着关键作用。另外，θ的形式，也就是在原始形式和θ的参数形式间的规范连接(canonical link)也同样重要。规范连接通过连接线性—加叠分量和非正态结果变量来概括线性模型。

线性转化可以被应用于在加叠分量和交互作用分量之间交换y和θ的值，在这点上，方程[2.4]的形式并没有什么特殊。但是，一般来讲，PDF和PMF的一般族群是在标准形式中的典型参数化，使得交互项的数字最少。另外，有时用方程[2.4]表达数据的联合分布也很有帮助，尤其是对似然函数(第3章)起作用，即：

$$f(\mathbf{y} \mid \theta) = \exp\left[\sum_{i=1}^{n} y_i\theta - nb(\theta) + \sum_{i=1}^{n} c(y_i)\right] \quad [2.5]$$

典型形式在本书中会在每一个范例中被用到。通过这种处理，信息既没有增加也不会减少，更确切地说，方程[2.5]的形式等同于方程[2.3]，只不过出于理论考虑，一些具体的结构，像θ和$b(\theta)$，被分离开来。正如下面即将说明的，这些项在概括线性模型的过程中很关键。

第 4 节 | **多元参数模型**

迄今为止,我仅仅展示了单一参数的形式。如果广义线性模型被仅仅限定于单一参数密度函数,那么它们就是非常局限的。假设现在有 k 个设定的参数。一个 k 维的参数向量而不仅仅是一个标量 θ,现在很容易被并入方程[2.4]所示的指数族形式:

$$f(y \mid \boldsymbol{\theta}) = \exp\left[\sum_{j=1}^{k} y\theta_j - b(\theta_j) + c(y)\right] \qquad [2.6]$$

在这里,$\boldsymbol{\theta}$ 的维度可以是任意大小,但是一般情况下小至 2,如在正态($\boldsymbol{\theta} = \{\mu, \sigma^2\}$)或者伽马($\boldsymbol{\theta} = \{\alpha, \beta\}$)分布中。

在接下来的例子中,一些一般的概率函数会被改写成有中间过程(对于大部分来说)的指数族形式。事实上,并不需要严格地展示过程,因为我们感兴趣的 PDF 和 PMF 的数量相对较少。但是,把这些步骤看成教学练习和了解这里没有涵盖的其他分布的起点是不无裨益的。并且,在每个例子中,$b(\theta)$ 是衍生的。这么做的重要性会在第 3 章中凸显。

例 2.1:泊松分布。泊松分布一般用来做计数的模型,像在指定时间段内的到达、死亡或者失败的数量。泊松分布假设在较短的时间区间内,一次到达的概率是固定的并与区间的长度成比例。它仅仅由既是均值又是方差的一个(必须是正的)参数来指示。

给定任意变量 Y,其在每个区间 μ 的发生期望值呈泊松分布,我们可以把熟悉的泊松 PMF 改写成如下形式:

$$f(y \mid \mu) = \frac{e^{-\mu}\mu^y}{y!} = \exp\left[\underbrace{y\log(\mu)}_{y\theta} - \underbrace{\mu}_{b(\theta)} \underbrace{-\log(y!\ )}_{c(y)}\right]$$

在这个例子中,来自方程[2.4]的三个分量由下括号作出标识。交互作用分量 $y\log(\mu)$ 清楚地认定 $\theta = \log(\mu)$ 作为典型关联。$b(\theta)$ 其实就是简单的 μ。因此,可以通过取 $\theta = \log(\mu)$ 的逆函数求得 θ 的参数项 $b(\theta)$(也就是典型形式),以此来求 μ。这就得到:

$$\mu = \boxed{b(\theta) = \exp(\theta)}$$

显然,在这点上,泊松分布是一个简单的参数形式。

例 2.2:二项分布。二项分布总结了有很多二元结果(伯努利)的结果测试,像抛硬币。对于给定一定数量的独立测试,像给定选区内得到的选票、给定区域内的两国间的战争、给定公司的破产,等等,这种分布可以为成功或失败的数目建模,因此尤其有用。

假设现在 Y 遵循二项分布(n, p),给定成功概率是 p,Y 是已知 n 次测试的"成功"次数。我们可以改写二项 PMF 为指数族形式[4]:

$$f(y \mid n, p) = \binom{n}{y} p^y (1-p)^{n-y}$$

$$= \exp\left[\log\binom{n}{y} + y\log(p) + (n-y)\log(1-p)\right]$$

$$= \exp\left[\underbrace{y\log\left(\frac{p}{1-p}\right)}_{y\theta} - \underbrace{(-n\log(1-p))}_{b(\theta)} - \underbrace{\log\binom{n}{y}}_{c(y)}\right]$$

从指数的第一项我们可以看到,二项分布的典型关联是 $\theta = \log(p/(1-p))$,因此替换规范连接函数的逆函数,代入 $b(\theta)$ 产生(要用到适度的代数方法):

$$b(\theta) = [-n\log(1-p)]\Big|_{\theta = \log(p/(1-p))} = n\log(1 + \exp(\theta))$$

因此,用典型参数来表示 $b(\theta)$ 就是:

$$\boxed{b(\theta) = n\log(1 + \exp(\theta))}$$

在这个例子中,n 被处理为一个已知的量或者简单地被忽略为一个干扰参数。相反,假设 p 是已知的,我们即可扩展以 n 为主要参数的指数族 PMF,

$$f(y \mid n,\ p) = \exp\left[\log\binom{n}{y} + y\log(p) + (n-y)\log(1-p)\right]$$
$$= \exp[\log(n!) - \log((n-y)!)$$
$$- \log(y!) + \cdots] \qquad [2.7]$$

但是,我们不能在 $\log((n-y)!)$ 中分离 n 和 y,并且它们不是乘积形式,因此在这种情况下,这不是一个指数族的 PMF。

例 2.3:正态分布。正态分布无疑是社会科学数据分析的主力。鉴于它在实际操作上的简洁性和为人熟知的理论基础,这并不奇怪。OLS 是基于正态分布理论的,并且,正如我们在第 4 章将看到的,它构成了广义线性模型的简单特殊情形。

我们经常需要明确处理多余参数,而不是忽视它们或者像在之前的二项式的例子中假定它们是已知的。两个参数的指数族的一个最重要情形是第二个参数为一个标尺参数。假设 ψ 是这样一个标尺参数,那么方程[2.4]就可改写为：

$$f(y \mid \theta) = \exp\left[\frac{y\theta - b(\theta)}{a(\psi)} + c(y, \psi)\right] \qquad [2.8]$$

如果一个给定的 PDF 或者 PMF 没有一个标尺参数,那么 $a(\psi)=1$,并且方程[2.8]可简化为方程[2.4]。另外,如果我们定义 $\theta = \{\theta, a(\psi)^{-1}\}$ 并且重新整理,方程[2.8]就可以写成方程[2.6]这样更为广义的形式。但是,这种形式不会再让我们想起标尺参数发挥的重要作用。

高斯正态分布适合这类指数族。它的子类叫做位置—尺度族(location-scale family),其性质完全被两个参数所指定：一个中心或者位置参数和一个分散度参数。它可以被改写为：

$$f(y \mid \mu, \sigma^2)$$

$$= \frac{1}{\sqrt{2\pi\sigma^2}} \exp\left[-\frac{1}{2\sigma^2}(y-\mu)^2\right]$$

$$= \exp\left[-\frac{1}{2}\log(2\pi\sigma^2) - \frac{1}{2\sigma^2}(y^2 - 2y\mu + \mu^2)\right]$$

$$= \exp\left[\left(\underbrace{y\mu}_{y\theta} - \underbrace{\frac{\mu^2}{2}}_{b(\theta)}\right) \Big/ \underbrace{\sigma^2}_{a(\psi)} + \underbrace{\frac{-1}{2}\left(\frac{y^2}{\sigma^2} + \log(2\pi\sigma^2)\right)}_{c(y, \psi)}\right]$$

要注意的是,μ 参数(均值)已经在典型形式中了($\theta = \mu$),因此 $b(\theta)$ 就是简单的：

$$\boxed{b(\theta) = \frac{\theta^2}{2}}$$

这种处理假定 μ 是主要参数,并且 σ^2 是多余参数,然而我们可能想要看看相反的情况。但是,在这种处理中,μ 不被考虑为一个标尺参数。把 σ^2 看做主要变量就产生了以下等式:

$$f(y \mid \mu, \sigma^2)$$

$$= \exp\left[-\frac{1}{2}\log(2\pi\sigma^2) - \frac{1}{2\sigma^2}(y^2 - 2y\mu - \mu^2)\right]$$

$$= \exp\left[\underbrace{\frac{1}{\sigma^2}}_{\theta}\underbrace{\left(y\mu - \frac{1}{2}y^2\right)}_{z} + \underbrace{\frac{-1}{2}\left(\log(2\pi\sigma^2) - \frac{\mu^2}{\sigma^2}\right)}_{b(\theta)}\right]$$

现在,典型关联是 $\theta = 1/\sigma^2$。因此,$\sigma^2 = \theta^{-1}$,我们可以计算新的 $b(\theta)$:

$$b(\theta) = -\frac{1}{2}\left[\log(2\pi\sigma^2) - \frac{\mu^2}{\sigma^2}\right]$$

$$= -\frac{1}{2}\log(2\pi) + \frac{1}{2}\log(\theta) + \frac{1}{2}\mu^2\theta$$

例 2.4:伽马分布。伽马分布对于要求必须是非负值(如方差)的项建模尤其有用。另外,伽马分布有两个重要的特殊形式:卡方(χ^2)分布是有 ρ 自由度的伽马分布($\rho/2$, $1/2$),并且指数分布是伽马分布(1, β),两者在应用设置中经常出现。

假设 Y 是由两个参数指示的伽马分布:形状参数和逆尺度参数。伽马分布最普遍地被写为:

$$f(y \mid \alpha, \beta) = \frac{1}{\Gamma(\alpha)}\beta^\alpha y^{\alpha-1} e^{-\beta y} \quad (\text{当 } y > 0, \alpha > 0 \text{ 且 } \beta > 0)$$

为了我们的目的,通过转化 $\alpha = \delta$, $\beta = \delta/\mu$ 可以产生更简便的形式。伽马的指数族形式产生于

$$f(y \mid \mu, \delta)$$

$$= \left(\frac{\delta}{\mu}\right)^{\delta} \frac{1}{\Gamma(\delta)} y^{\delta-1} \exp\left[\frac{-\delta y}{\mu}\right]$$

$$= \exp\left[\delta \log(\delta) - \delta \log(\mu) - \log(\Gamma(\delta))\right.$$

$$\left. + (\delta - 1)\log(y) - \frac{\delta y}{\mu}\right]$$

$$= \exp\left[\left(\underbrace{-\frac{1}{\mu}y}_{\theta y} - \underbrace{\log(\mu)}_{b(\theta)}\right) \bigg/ \underbrace{\frac{1}{\delta}}_{a(\psi)}\right.$$

$$\left. + \underbrace{\delta \log(\delta) + (\delta - 1)\log(y) - \log(\Gamma(\delta))}_{c(y, \psi)}\right]$$

从最后一个等式的第一项，伽马族变量 μ 的典型关联是 $\theta = -1/\mu$。所以 $b(\theta) = \log(\mu) = \log(-1/\theta)$ 的限制条件是 $\theta < 0$。因此：

$$b(\theta) = -\log(-\theta)$$

例 2.5：负二项分布。二项分布测量在给定固定测试中的成功数量，而负二项分布测量在第 r 次成功前的失败数量。[5] 负二项分布的一个重要应用是在调查研究设计中。如果研究者可以从以前的调查中获得 p 值，那么负二项可以提供需要联系的主体数量以到达研究要求的响应数量。

如果 Y 是一个成功率为 p 并且有 r 次成功目标的负二项分布，那么 PMF 在指数族的形式产生于

$$f(y \mid r, p)$$

$$= \binom{r + y - 1}{y} p^r (1 - p)^y$$

$$= \exp\left[\underbrace{y\log(1 - p)}_{y\theta} + \underbrace{r\log(p)}_{b(\theta)} + \underbrace{\log\binom{r + y - 1}{y}}_{c(y)}\right]$$

典型关联很容易由 $\theta = \log(1-p)$ 确定。将此带入 $b(\theta)$ 并且应用一些代数方法得到：

$$b(\theta) = r\log(1-\exp(\theta))$$

我们现在知道，一些最有用和流行的 PMF 和 PDF 可以很容易地由指数族形式表示。这项努力的收效暂时还看不到，但是容易看出的是，如果 $b(\theta)$ 有一些特别的理论意义，那么像在 θ 参数化过程中的那样分离它是有利的。事实确实如此，因为 $b(\theta)$ 是通过一些基本似然理论从指数族形式中产生矩的工具。另外，这一章甚至对于那些对广义线性模型框架持怀疑态度的人来说都是有用的。指数族形式中一般使用的 PDF 和 PMF 的再参数化突出了一些为人熟知的，但是不一定直观的参数形式之间的关系。比如，事实上所有的介绍性统计课本都会解释到正态分布是二项分布的局限形式。设定 $b(\theta)$ 函数在这些形式中的一阶和二阶导数等同于彼此，可以给出合适的渐进性再参数化：$\mu = np$，$\sigma^2 = np(1-p)$。

第 **3** 章

似然理论和矩

第 1 节 | 最大似然估计

要从未知参数作出推论，我们需要得到方程[2.4]的似然函数和记分函数。在系数值上最大化似然函数，在应用统计学中无疑是使用最频繁的估计技术。因为渐进论保证了对于足够大的样本，指数族形式的似然面（likelihood surface）在 k 维中是单峰的（Fahrmeir & Kaufman，1985；Jørgensen，1983；Wedderburn，1976），所以这个过程相当于是在寻找 k 维的众数。

我们真正的兴趣在于给定可观测的矩阵数据值 $f(\theta \mid \mathbf{X})$ 的情况下得到未知 k 维 θ 系数向量的后验分布。这就允许我们用 k 维的众数确定"最有可能"的 θ 向量值（最大似然推断，Fisher，1925），或者简单地、概率性地描述此分布（正如贝叶斯推断）。这一后验分布从贝叶斯法则的应用中可得：

$$f(\theta \mid \mathbf{X}) = f(\mathbf{X} \mid \theta) \frac{P(\theta)}{P(\mathbf{X})} \qquad [3.1]$$

在这里，$f(\mathbf{X} \mid \theta)$ 是数据中 n 维的联合 PDF 或者 PMF（对于固定 θ 的样本概率）基于的假设是根据 $f(\mathbf{X}_i \mid \theta) \forall i = 1, \cdots, n$，数据独立同分布，并且 $P(\theta)$、$P(\mathbf{X})$ 是相对应的无条件概率。

贝叶斯的方法是对 $P(\mathbf{X})$ 进行积分（或者使用比值而对其不加以探讨）并且规定一个假设的（先验的）$\boldsymbol{\theta}$ 分布，因此允许直接从方程[3.1]计算 $f(\boldsymbol{\theta}|\mathbf{X})$。给定观察数据 $\mathbf{X}$（我们可以认为观察数据是固定的，$P(\mathbf{X}) = 1$，因为它发生了），如果我们把 $f(\mathbf{X}|\boldsymbol{\theta})$ 看成 $\boldsymbol{\theta}$ 的函数，那么 $L(\boldsymbol{\theta}|\mathbf{X}) = f(\mathbf{X}|\boldsymbol{\theta})$ 就被叫做似然函数（DeGroot，1986：339）。最大似然原则表明，在给定假设参数形式的情况下，相对于 $\boldsymbol{\theta}$ 的所有替代值，那个最有"可能"产生观察数据 $\mathbf{X}$ 的 $\boldsymbol{\theta}$，是一个可接纳的 $\boldsymbol{\theta}$，它可以最大化似然函数的概率（离散的情形）或者密度（连续的情形）。换言之，如果 $\hat{\boldsymbol{\theta}}$ 是未知参数向量的最大似然估计值，那么 $L(\hat{\boldsymbol{\theta}}|\mathbf{X}) \geqslant L(\boldsymbol{\theta}|\mathbf{X}) \,\forall\, \boldsymbol{\theta} \in \boldsymbol{\Theta}$，在这里，$\boldsymbol{\Theta}$ 是 $\boldsymbol{\theta}$ 的容许范围。

似然函数不同于逆概率 $f(\boldsymbol{\theta}|\mathbf{X})$，因为它必须是一个相对函数，因为随机变量 $\mathbf{X}$ 对于非未知但固定的 $\boldsymbol{\theta}$ 的一个特征是概率不确定性。巴尼特（Barnett，1973：131）澄清了这一差别："概率依然归属于 X，而不是 θ；它只是逻辑上对 θ 产生影响。"因此，最大似然估计用无界的似然概念替代了有界的概率定义（Barnett，1973：131；Casella & Berger，1990：266；Fisher，1922：327；King，1989：23）。这是一个理论上的重要区别，但是在应用实践上没有太大意义。

一般而言，数学上用似然函数的自然对数更便捷。因为似然函数和对数似然函数有相同的模型点，这并不会改变任何一个结果参数的估计。在方程[2.4]中，增加标尺参数（正如在正态的例子中那样），恢复为单一的关注参数 θ，并附上一个标尺参数 $a(\phi)$，基本的似然函数就变得十分简单：

$$l(\theta, \psi \mid \mathbf{y}) = \log(f(y \mid \theta, \psi))$$

$$= \log\left(\exp\left[\frac{\mathbf{y}\theta - b(\theta)}{a(\psi)} + c(\mathbf{y}, \psi)\right]\right)$$

$$= \frac{\mathbf{y}\theta - b(\theta)}{a(\psi)} + c(\mathbf{y}, \psi) \qquad [3.2]$$

用指数族的自然对数可以简化我们的计算，这绝不是巧合。原因之一是在这个阶段把所有的项转为指数的话，指数不会被重复使用，并且各项也容易处理。

从关注参数来看，记分函数是对数似然函数的一阶导数。现在，标尺参数 ψ 被认为是多余参数。记分函数的结果记为 $\dot{l}(\theta \mid \psi, \mathbf{y})$，产生于

$$\dot{l}(\theta, \psi \mid \mathbf{y}) = \frac{\partial}{\partial \theta} l(\theta \mid \psi, y)$$

$$= \frac{\partial}{\partial \theta}\left[\frac{\mathbf{y}\theta - b(\theta)}{a(\psi)} + c(\mathbf{y}, \psi)\right]$$

$$= \frac{\mathbf{y} - \frac{\partial}{\partial \theta} b(\theta)}{a(\psi)} \qquad [3.3]$$

设定 $\dot{l}(\theta \mid \psi, \mathbf{y})$ 等于 0，并且给定最大似然估计 $\hat{\theta}$ 求解关注参数。给定观察数据，这是目前在参数空间 Θ 最可能的 θ 值：$\hat{\theta}$ 在观察值上使得似然函数最大化。似然原则（Birnbaum，1962）表明，一旦数据是可观测的，并且因此被处理为给定数据，那么所有可用于估计 $\hat{\theta}$ 的证据都包含在似然函数 $l(\theta \mid \psi, \mathbf{y})$ 里。这是一个非常方便的数据化简工具，因为它确切地告诉我们对数据的哪些处理是重要的，也使得我们可以忽略掉无穷多的其他替代方法。

假设我们用指数族形式的表示法来表达观测的独立同

分布（i. i. d）数据的联合概率函数方程［2.5］：$f(\mathbf{y} \mid \theta) = \exp\left[\sum_{i=1}^{n} y_i\theta - nb(\theta) + \sum_{i=1}^{n} c(y_i)\right]$。从这个联合 PDF 或者 PMF 中设定记分函数等于零或者重新排序得到似然等式：

$$\sum t(y_i) = n\frac{\partial}{\partial\theta}\log(b(\theta)) \qquad [3.4]$$

在这里，$\sum t(y_i)$ 是数据的剩余函数（remaining function）并取决于 PDF 或者 PMF 的形式。这点有着非常强的基本理论支持。在解决方程［3.4］未知系数的过程中所产生的估计量是唯一的（一个单峰的后验分布）、一致的（概率上收敛）和渐进有效的。当样本量变得相当大时，估计量的方差达到可能的最小值：克拉美-罗下界（Cramér-Rao lower bound）。它结合中心极限理论给出估计量的渐进正态形式：$\sqrt{n}(\hat{\theta} - \theta) \xrightarrow{\mathscr{P}} n(0, \sum_\theta)$。另外，$\sum t(y_i)$ 是 θ 的充分统计值，意味着所有关于 θ 的相关信息都包含在 $\sum t(y_i)$ 中。例如，正态对数似然表达成一个如方程［2.5］中的联合指数族形式是：

$$l(\theta, \psi \mid \mathbf{y}) = (\mu\sum y_i - n\mu^2/2)/\sigma^2 \\ - (1/2\sigma^2)\sum y_i^2 - (n/2)\log(2\pi\sigma^2)$$

因此，$t(\mathbf{y}) = \sum y_i$，$\partial/\partial\theta(n\mu^2/2) = n\mu$，等值给出了 μ 的最大似然估计为样本的均值，这可以从 $(1/n)\sum y_i$ 得出。

第 2 节 | 计算指数族的均值

在方程[2.4]中要计算的一个重要值是 PDF 或者 PMF 的均值。要实现线性模型的广义化，需要把自变量标准线性模型的线性预测函数 $\theta = \mathbf{X}\boldsymbol{\beta}$ 连接到非正态分布的因变量的均值函数。因此，期望值（一阶矩）在扩展广义线性模型中发挥着关键的理论作用。对于数据（Y），方程[2.4]中期望值的计算是：

$$E_Y\left[\frac{y - \partial/\partial\theta\, b(\theta)}{a(\phi)}\right] = 0$$

$$\int_Y \frac{y - \partial/\partial\theta\, b(\theta)}{a(\phi)} f(y)\mathrm{d}(y) = 0$$

$$\int_Y y f(y)\mathrm{d}y - \int_Y \frac{\partial b(\theta)}{\partial\theta} f(y)\mathrm{d}y = 0 \qquad [3.5]$$

$$\underbrace{\int_Y y f(y)\mathrm{d}y}_{E[Y]} - \frac{\partial b(\theta)}{\partial\theta} \underbrace{\int_Y f(y)\mathrm{d}y}_{1} = 0$$

最后一步要求满足与整合边界相关的一般正则条件[6]，而所有指数族分布都要满足这一要求（Casella & Berger，1990）。从这一推导[7]，我们得到相当有用的结果：

$$\boxed{E[Y] = \frac{\partial}{\partial\theta} b(\theta)}$$

因此要满足的要求,就是要从方程[2.4]中得到一个特殊指数族分布的均值,为了统一,这个值在例子中我会叫做 μ,也就是 $b(\theta)$。这是在典型形式中对指数族分布表达数值的说明,因为 $b(\theta)$ 的一阶导数直接得到一阶矩。

例 3.1:泊松概率质量函数的均值。得到期望值(均值)的步骤就是对 θ 的 $b(\theta)$ 进行微分,然后在典型关联中替代并求解。一般来讲,这是一个很简单的过程。

回想一下泊松分布:正态常数项是 $b(\theta) = \exp(\theta)$,并且规范连接函数是 $\theta = \log(\mu)$。 因此,

$$\frac{\partial}{\partial \theta} b(\theta) = \frac{\partial}{\partial \theta} \exp(\theta) = \exp(\theta) \mid_{\theta = \log(\mu)} = \mu$$

当然,结果是:

$$\boxed{E[Y] = \mu}$$

对于随机变量的泊松分布,这正是我们所期望的。

例 3.2:二项概率质量函数的均值。对于二项分布,$b(\theta) = n\log(1 + \exp(\theta))$,并且 $\theta = \log(p/(1-p))$。 因此,从下面我们得到均值函数:

$$\frac{\partial}{\partial \theta} b(\theta) = \frac{\partial}{\partial \theta} (n\log(1 + \exp(\theta)))$$

$$= n(1 + \exp(\theta))^{-1} \exp(\theta) \mid_{\theta = \log(p/(1-p))}$$

$$= n\left(1 + \exp\left(\log\left(\frac{p}{1-p}\right)\right)\right)^{-1} \exp\left(\log\left(\frac{p}{p-1}\right)\right)$$

$$= n(1-p)\left(\frac{p}{p-1}\right)$$

在这里，除了进行求导，还要求一些代数运算。再次得到：

$$E[Y] = np$$

这是从标准矩分析中得到的期待结果。

例 3.3：正态概率密度函数的均值。指数族的正态形式有 $b(\theta) = \theta^2/2$，而且简单来说，$\theta = \mu$。因此，

$$\frac{\partial}{\partial \theta} b(\theta) = \frac{\partial}{\partial \theta}\left(\frac{\theta^2}{2}\right) = \theta \mid_{\theta = \mu} \qquad [3.6]$$

这是最明确和重要的情况：

$$E[Y] = \mu$$

例 3.4：伽马概率密度函数的均值。回想一下，对于伽马指数族形式，$\theta = -1/\mu$ 并且 $b(\theta) = -\log(-\theta)$。这就得到：

$$\frac{\partial}{\partial \theta} b(\theta) = \frac{\partial}{\partial \theta}(-\log(-\theta)) = -\frac{1}{\theta}\bigg|_{\theta = -1/\mu} = \mu$$

对于伽马分布，我们发现：

$$E[Y] = \mu$$

这等同于 $E[Y] = \alpha/\beta$，前提是 PDF 由熟悉的形式表示如下：

$$f(y \mid \alpha, \beta) = \frac{1}{\Gamma(\alpha)} \beta^\alpha y^{\alpha-1} e^{-\beta y} \ (\mu = \alpha\beta, \ \delta = \alpha)$$

例 3.5：负二项概率质量函数的均值。对于负二项分布，$b(\theta) = r\log(1 - \exp(\theta))$，并且 $\theta = \log(1 - p)$。均值由以下方程得到：

$$\frac{\partial}{\partial \theta} b(\theta) = \frac{\partial}{\partial \theta} r \log(1 - \exp(\theta))$$

$$= r(1 - \exp(\theta))^{-1} \exp(\theta) \mid_{\theta = \log(1-p)}$$

$$= r \frac{1-p}{1-(1-p)}$$

因此,对于负二项我们可以得到均值函数:

$$\boxed{E[Y] = r \frac{1-p}{p}}$$

虽然这里我们貌似用了过多的精力来指明普遍分布的均值函数,但它的价值在于可以加深我们对指数族形式中概率函数表达之统一方法的进一步理解。均值函数对于使用广义线性模型很重要是因为,正如我们在第 4 章将看到的,连接函数连接了线性预计值和指数族形式的均值。

第 3 节 | 计算指数族的方差

正如我们在前面对一阶矩求导，我们也可以从二阶矩中得到方差。因为 $E[Y] = \partial/\partial\theta b(\theta)$，并且 $\dot{\imath}(\hat{\theta}, \psi \mid y) = 0$，那么对于指数族形式的方差计算就大大简化了。首先，我们得到方差和记分函数的导数，然后应用一个熟知的数学统计关系。

记分函数的方差是：

$$
\begin{aligned}
\mathrm{VAR}[\dot{\imath}(\theta, \psi \mid y)] &= E[\dot{\imath}(\theta, \psi \mid y) - E[\dot{\imath}(\theta, \psi \mid y)]^2] \\
&= E[(\dot{\imath}(\theta, \psi \mid y) - 0)^2] \\
&= E\left[\left(\frac{y - \partial/\partial\theta b(\theta)}{a(\psi)}\right)^2\right] \\
&= E\left[\frac{(y - \partial/\partial\theta b(\theta))^2}{a^2(\psi)}\right] \\
&= E\left[\frac{(y - E[Y])^2}{a^2(\psi)}\right] \\
&= \frac{1}{a^2(\psi)}\mathrm{VAR}[Y] \qquad [3.7]
\end{aligned}
$$

对于 θ，记分函数的导数是：

$$
\begin{aligned}
\frac{\partial}{\partial\theta}\dot{\imath}(\theta, \psi \mid y) &= \frac{\partial}{\partial\theta}\left(\frac{y - \partial/\partial\theta b(\theta)}{a(\psi)}\right) \\
&= -\frac{1}{a(\psi)}\frac{\partial^2}{\partial\theta^2}b(\theta) \qquad [3.8]
\end{aligned}
$$

推导方程[3.7]和方程[3.8]的用途来自指数族中 $E[(i(\theta, \psi \mid y))^2] = E(\partial/\partial\theta i(\theta, \psi \mid y))$ 的这一等式关系(Casella & Berger, 1990:312)。这意味着我们可以将方程[3.7]和方程[3.8]列为等式来解 VAR[Y]：

$$\frac{1}{a^2(\psi)}\text{VAR}[Y] = \frac{1}{a(\psi)}\frac{\partial^2}{\partial\theta^2}b(\theta)$$

$$\text{VAR}[Y] = \frac{1}{a(\psi)}\frac{\partial^2}{\partial\theta^2}b(\theta) \qquad [3.9]$$

我们现在有了按照指数族格式方程[2.4](包括 $a(\psi)$ 项)表达的 Y 的均值和方差。

例 3.6：泊松概率质量函数的方差。

$$\text{VAR}[Y] = a(\psi)\frac{\partial^2}{\partial\theta^2}b(\theta) = 1\frac{\partial^2}{\partial\theta^2}\exp(\theta)\Big|_{\theta=\log(\mu)}$$
$$= \exp(\log(\mu)) = \mu$$

再次得到：

$$\boxed{\text{VAR}[Y] = \mu}$$

这是预期的结果。

例 3.7：二项概率质量函数的方差。

$$\text{VAR}[Y] = a(\psi)\frac{\partial^2}{\partial\theta^2}b(\theta)$$

$$= 1\frac{\partial^2}{\partial\theta^2}(n\log(1+\exp(\theta)))$$

$$= \frac{\partial}{\partial\theta}(n(1+\exp(\theta))^{-1}\exp(\theta))$$

$$= n\exp(\theta)[(1+\exp(\theta))^{-1}$$
$$- (1+\exp(\theta))^{-2}\exp(\theta)]\Big|_{\theta=\log(p/(1-p))}$$

$$= n\left(\frac{p}{1-p}\right)\left[\left(1+\frac{p}{1-p}\right)^{-1}\right.$$

$$\left.-\left(1+\frac{p}{1-p}\right)^{-2}\frac{p}{1-p}\right]$$

$$= np(1-p)$$

$$\boxed{\text{VAR}[Y] = np(1-p)}$$

这是二项分布方差的熟悉的形式。

例 3.8：正态概率密度函数的方差。

$$\text{VAR}[Y] = a(\psi)\frac{\partial^2}{\partial\theta^2}b(\theta) = \sigma^2\frac{\partial^2}{\partial\theta^2}\left(\frac{\theta^2}{2}\right) = \sigma^2\frac{\partial}{\partial\theta}\theta$$

$$[3.10]$$

$$\boxed{\text{VAR}[Y] = \sigma^2}$$

这是明显的结果。

例 3.9：伽马概率密度函数的方差。

$$\text{VAR}[Y] = a(\psi)\frac{\partial^2}{\partial\theta^2}b(\theta) = \frac{1}{\delta}\frac{\partial^2}{\partial\theta^2}(-\log(-\theta))$$

$$= \frac{1}{\delta}\frac{\partial}{\partial\theta}\left(-\frac{1}{-\theta}(-1)\right)$$

$$= -\frac{1}{\delta}((-1)\theta^{-2})\mid_{\theta=-1/\mu} = \frac{1}{\delta}\mu^2 \qquad [3.11]$$

以下结果：

$$\boxed{\text{VAR}[Y] = \frac{1}{\delta}\mu^2}$$

等价于伽马 PDF 其他常见指示法中的 α/β^2。

例 3.10：负二项概率质量函数的方差。

$$\mathrm{VAR}[Y] = a(\psi)\frac{\partial^2}{\partial\theta^2}b(\theta)$$

$$= 1\frac{\partial}{\partial\theta}r(1-\exp(\theta))^{-1}\exp(\theta)$$

$$= r\exp(\theta)\big[(1-\exp(\theta))^{-2}\exp(\theta)$$

$$\qquad + (1-\exp(\theta))^{-1}\big]\,|_{\theta=\log(1-p)}$$

$$= r(1-p)\big[(1-(1-p))^{-2}(1-p)$$

$$\qquad + (1-(1-p))^{-1}\big]$$

$$= \frac{r(1-p)}{p^2}$$

同样，

$$\boxed{\mathrm{VAR}[Y] = r(1-p)/p^2}$$

正是我们所预期的。

第 4 节 | 方差函数

在给定指数族表达形式下,定义一个方差函数非常普遍,其中 θ 的记法维持与 $b(\theta)$ 形式兼容。在广义线性模型中使用的方差函数表明 Y 的方差对未知和尺度参数的依赖性。开展有用的残差分析(如第 6 章讨论的)也很重要。方差式简单地被定义为: $\tau^2 = \partial^2 / \partial \theta^2 b(\theta)$,意味着 $\mathrm{VAR}[Y] = a(\psi)\tau^2$ 由 θ 指示。注意,对 $b(\theta)$ 的依赖性清楚地表明方差函数取决于均值函数,然而这里对 $a(\psi)$ 的形式没有规定。

表 3.1   标准化常数和方差函数

分 布	$b(\theta)$	$\tau^2 = \dfrac{\partial^2}{\partial \theta^2} b(\theta)$
泊 松	$\exp(\theta)$	$\exp(\theta)$
二 项	$n\log(1 + \exp(\theta))$	$n\exp(\theta)(1 + \exp(\theta))^{-2}$
正 态	$\dfrac{\theta^2}{2}$	1
伽 马	$-\log(-\theta)$	$\dfrac{1}{\theta^2}$
负二项	$r\log(1 - \exp(\theta))$	$r\exp(\theta)\log(1 - \exp(\theta))^{-2}$

Y 的方差也可用先验权重来表达,一般来自点估计理论: $\mathrm{VAR}[Y] = (\psi/\omega)\tau^2$,在这里, ψ 是一个分散度参数, ω 是一个先验权重(prior weight)。比如,样本量为 n 的均值和已知总体方差为 σ^2 ,就是

$$\mathrm{VAR}[\overline{X}] = \frac{\psi\tau^2}{\omega} = \frac{\sigma^2}{n}$$

对于典型参数 θ，惯例是保留方差函数，而不是像处理 Y 的方差那样把它还原到原始概率函数的参数形式。表 3.1 总结了这些分布的方差函数。

第 *4* 章

线性结构和连接函数

　　这是本书最重要的章节。它描述的理论可以使标准线性模型推广到可以顾及非正态的结果变量，像离散选择、计数、生存期、截断种类，等等。基本的原则是使用一个均值向量的函数来连接高斯-马尔科夫假设下的正态理论环境和包含广泛种类结果变量的环境。

　　本书的第 2 章分析指数族，表明貌似不同的概率函数有着相似的理论根据。本章通过展示 θ 设定和 $b(\theta)$ 函数如何在一般条件下引出逻辑函数连接来深入挖掘这种相似性。

第 1 节 ｜ 广义化

考虑标准线性模型满足高斯-马尔科夫条件的情况。这可以被表示为：

$$\underset{(n\times 1)}{\mathbf{V}} = \underset{(n\times k)(k\times 1)}{\mathbf{X\beta}} + \underset{(n\times 1)}{\mathbf{\epsilon}} \qquad [4.1]$$

$$\underset{(n\times 1)}{E[\mathbf{V}]} = \underset{(n\times 1)}{\mathbf{\theta}} = \underset{(n\times k)(k\times 1)}{\mathbf{X\beta}} \qquad [4.2]$$

两个方程的右边非常相似：$\mathbf{X}$ 是观测数据值的范式或者模型矩阵，$\mathbf{\beta}$ 是未知估计系数的向量，$\mathbf{X\beta}$ 被叫做"线性结构向量"，并且 $\mathbf{\epsilon}$ 是有着恒定方差的独立正态分布的误差项，即随机成分。方程[4.2]中的 $E[\mathbf{V}] = \mathbf{\theta}$ 是均值的向量，即系统成分。变量 $\mathbf{V}$ 是正态独立同分布，其均值为 $\mathbf{\theta}$，恒定方差是 σ^2。迄今为止，这正是基本统计课本里描述的线性模型。

现在假设我们根据结果变量的均值，用一个新的"线性预测值"将熟知的形式略微一般化：

$$\underset{(n\times 1)}{g(\mathbf{\mu})} = \underset{(n\times 1)}{\mathbf{\theta}} = \underset{(n\times k)(k\times 1)}{\mathbf{X\beta}}$$

这里，$g(\ )$ 是均值向量 $\mathbf{\mu}$ 的一个可逆且平滑的函数（也就是，不中断）。在这点上，我们完全去掉正态变量的 $\mathbf{V}$ 向量是因为它是一个人为的构造，在现实中从来没有真正存在过。$\mathbf{V}$ 向量仅仅在设定方程[4.1]和方程[4.2]右边的部分时有用。

解释变量的信息现在仅仅通过从线性结构 $\mathbf{X\beta}$,到线性预测 $\mathbf{\theta}=g(\mathbf{\mu})$,即由函数连接的形式 $g(\ )$ 控制的关联来表达。这个函数连接了线性预测和结果变量的均值,而不是像在线性模型中一样直接连接到结果变量本身的表达,因此结果变量现在可以呈现出各种非正态的形式。通过这种方式,广义线性模型将标准线性模型扩展到适应于线性转化的非正态响应函数。

从前面表达中得出线性模型的一般化有三个成分。

1. 随机成分。$\mathbf{Y}$ 是随机成分,根据一个特定的指数族分布(如那些在第 2 章中的分布),它仍然是独立同分布的,且均值为 $\mathbf{\mu}$。这一成分有时也被叫做"残差结构"或者"响应分布"。

2. 系统成分。$\mathbf{\theta}=\mathbf{X\beta}$ 是产生线性预测的系统成分。因此解释变量 $\mathbf{X}$ 只有通过 $g(\ )$ 函数的函数形式对观测的结果变量 $\mathbf{Y}$ 产生影响。

3. 连接函数。随机变量和系统变量由 $\mathbf{\theta}$ 的函数连接,它正是第 2 章中发展出来的典型连接函数,并在表 4.1 中做了总结。连接函数连接随机成分(它从各种广泛的形式来描述一些结果变量)和通过均值函数支持的所有标准正态理论的系统成分:

$$g(\mathbf{\mu})=\mathbf{\theta}=\mathbf{X\beta}$$

$$g^{-1}(g(\mathbf{\mu}))=g^{-1}(\mathbf{\theta})=g^{-1}(\mathbf{X\beta})=\mathbf{\mu}=E[\mathbf{Y}]$$

因此连接函数的逆函数确保了 $\mathbf{X}\hat{\mathbf{\beta}}$(这里我们插入估计的系数向量 $\hat{\mathbf{\beta}}$),可以满足线性模型的高斯-马尔科夫假设,并且即使在结果变量为各种非正态形式的情况下,所有的标准理论也都能适用。我们可以认为 $g(\boldsymbol{\mu})$ 是"哄骗"线性模型使其认为它仍然作用于正态分布的结果变量。

表 4.1　例证分布的自然连接函数总结

分布		典型连接: $\theta = g(\mu)$	逆连接: $\mu = g^{-1}(\theta)$
泊松		$\log(\mu)$	$\exp(\theta)$
二项	logit 关联	$\log\left(\dfrac{\mu}{1-\mu}\right)$	$\dfrac{\exp(\theta)}{1+\exp(\theta)}$
	probit 关联	$\Phi^{-1}(\mu)$	$\Phi(\theta)$
	clog log 关联	$\log(-\log(1-\mu))$	$1-\exp(-\exp(\theta))$
正态		μ	θ
伽马		$-\dfrac{1}{\mu}$	$-\dfrac{1}{\theta}$
负二项		$\log(1-\mu)$	$1-\exp(\theta)$

连接函数将线性预测——系统成分($\boldsymbol{\theta}$),连接到设定的指数族形式的期望值($\boldsymbol{\mu}$)。这一论断比它刚开始出现的时候更有力量。由指数族形式描述的结果变量通过连接函数作用于系统成分 $g^{-1}(\mathbf{X}\boldsymbol{\beta})$ 而受到解释变量的完全影响,除此之外,别无其他。数据简化得以完成,是因为在给定假设的参数形式(PMF 或者 PDF)和一个正确设定的连接函数的情况下,$g^{-1}(\mathbf{X}\boldsymbol{\beta})$ 是 $\boldsymbol{\mu}$ 的充分统计量。

事实上,尽管传统上用这三个成分来描述广义线性模型,其实有四个成分。残差构成了第四个成分,并且是模型质量的关键性决定因素,如第 6 章所示。

标记并理解指数族形式分布的好处是典型连接函数仅

仅是简单的 $\theta = \mu(\zeta)$，它来自典型形式方程[2.2]中的交互项。换句话说，一旦指数族形式被表达，连接函数便可以立刻确定。举例来说，由于指数族形式对于负二项 PMF 是

$$f(y \mid r, p) =$$
$$\exp\left[y\log(1-p) + \log(p) + \log\binom{r+y-1}{y} \right]$$

那么规范的连接函数就是 $\theta = \log(1-p)$。 甚至在标准线性模型中，连接函数是恒等函数：$\theta = \mu$。 这表明典型参数等于系统成分，因此线性预测就是期望值。

第 2 节 │ 分布

表 4.1 总结了对于实例中涵盖的分布的连接函数。注意，$g(\ )$，$g^{-1}(\ )$ 都被包括了。

在表 4.1 中，对于二项 PMF，规范连接有三种表达方式。第一个连接函数 logit 是自然生发于指数族形式表达的规范术语（例 2.2）。probit 连接函数（基于累积标准正态分布，记为 Φ）和 cloglog 连接函数是同一个数学形式的相近而不相同的表达，并且，它们是出于实际便利的考虑，而非理论上推导出的表达。它们的不同之处只有在这些分布的尾端才明显（尤其是 cloglog）。一般来讲，社会科学的数据中，任何这些连接函数都可以被运用并且提供相同的实质性结论。

例 4.1：死刑数据的泊松广义线性模型。考虑这样一个例子，其中，结果变量是死刑在 1997 年的美国全国执行次数。数据中包括的解释变量有：人均收入的中位数（美元）、贫困人口的比例、黑人人口的比例、1996 年每 10 万居民中的暴力犯罪率、指示一个州是否在南部的虚拟变量以及有大学教育和类似水平教育的人口比例。[8] 1997 年，死刑在 17 个州执行，全国有 74 起。表 4.2 提供了这个问题的原始数据，并组成在先前讨论中的 **X** 矩阵（**X** 矩阵必然包含一个常数为 1 的主要矢量，而不是结果变量位于第一列）。

表 4.2   美国死刑(1997 年)

州	死刑	收入中位数	贫困比例	黑人比例	暴力犯罪(百万)	南部	ω(学位比例)
得克萨斯	37	34 453	16.7	12.2	644	1	0.16
弗吉尼亚	9	41 534	12.5	20.0	351	1	0.27
密苏里	6	35 802	10.6	11.2	591	0	0.21
阿肯色	4	26 954	18.4	16.1	524	1	0.16
阿拉巴马	3	31 468	14.8	25.9	565	1	0.19
亚利桑那	2	32 552	18.8	3.5	632	0	0.25
伊利诺伊	2	40 873	11.6	15.3	886	0	0.25
南卡罗来纳	2	34 861	13.1	30.1	997	1	0.21
科罗拉多	1	42 562	9.4	4.3	405	0	0.31
佛罗里达	1	31 900	14.3	15.4	1 051	1	0.24
印第安纳	1	37 421	8.2	8.2	537	0	0.19
肯塔基	1	33 305	16.4	7.2	321	0	0.16
路易斯安那	1	32 108	18.4	32.1	929	1	0.18
马里兰	1	45 844	9.3	27.4	931	0	0.29
内布拉斯加	1	34 743	10.0	4.0	435	0	0.24
俄克拉荷马	1	29 709	15.2	7.7	597	0	0.21
俄勒冈	1	36 777	11.7	1.8	463	0	0.25
	EXE	INC	POV	BLK	CRI	SOU	DEG

资料来源:Census Bureau，U.S. Department of Justice。

模型从表 4.1 中的泊松连接函数发展出来，$\theta = \log(\mu)$，目的是在下列方程中找到最好的 β 矢量:

$$\underbrace{g^{-1}(\theta)}_{17 \times 1} = g^{-1}(X\beta)$$

$$= \exp[X\beta]$$

$$= \exp[1\beta_0 + INC\beta_1 + POV\beta_2 + BLK\beta_3$$

$$+ CRI\beta_4 + SOU\beta_5 + DEG\beta_6]$$

$$= E[Y] = E[EXE]$$

这里的系统成分是 $X\beta$，随机成分是 $Y = EXE$，并且连接函数

是 $\theta = \log(\mu)$。目标是在前面的情境下估计系数矢量: $\beta = \{\beta_0, \beta_1, \beta_2, \beta_3, \beta_4, \beta_5, \beta_6\}$。从这个表达中可以清楚地看到,死刑率只有通过连接函数才会受到解释变量的影响。需要注意的是,恰如在标准线性模型中一样,模型的质量依然部分取决于恰当的变量列入、案例独立和测量质量。在这个广义线性模型中,我们有附加的假设: $\theta = \log(\mu)$ 是恰当的连接函数。

例 4.2:苏格兰选举政治的伽马广义线性模型。1997 年 9 月 11 日,苏格兰选民以压倒性的优势(74.3%)支持在将近 300 年中第一个苏格兰国家议会的建立。在同样的选举中,选民对国会税收权给予了强烈的支持(63.5%)。苏格兰在 1707 年以前一直是一个自由独立的国家,这次选举是苏格兰现代历史上的一个分水岭事件。但是,这个事件到底仅仅是现任工党政府去中心化计划(decentralization program)的一个附加部分,还是迈向苏格兰在欧洲独立复兴的真正一步,仍然是一个值得讨论的问题。

英国及其他地方的大众媒体强调,苏格兰人的自尊和民族主义是选民脑海中的驱动因素。问题是,社会和经济的因素是不是重要并可能是更理性的选举决定因素呢? 数据整合了 32 个行政区(也叫做地方议会分区):这些是从 1996 年开始的苏格兰官方本地区划,在此之前,有 12 个行政区。尽管记者们的焦点更多地集中在建立苏格兰议会的第一次选举,然而也有人会说,同意一个新的立法机构的税收权可能更加重要。因此,这里分析的结果变量是在地方议会分区层面上赞成税收选票的百分比。

数据集来自英国政府,包括 40 个潜在的解释变量,其中的 6 个用于这个模型（所有的 40 个变量在我网站上的数据集中都有提供）。由于另外一个税收机构是地方议会，因此我们也包括了一个地方议会税收额的变量，由杂项调整之前（即自 1997 年 4 月起）每两个成年人的英镑额来测量。数据包括一些考虑职业福利和失业救济的变量。这里选取的变量是自 1998 年 1 月起，女性占总失业补助人口的百分比。因为从全国搜集的申请救助人的统计值来测量实际失业率非常复杂，因此女性申请者似乎是反映苏格兰潜在失业行为的一个更好的指标：她们更有可能在失业的时候申请补助，参与无记录的经济活动的可能性也相对较低。测量地区人口老龄化变化的方法之一是包括标准化死亡率（英国的该值等于 100）。有趣的是，在苏格兰的 32 个地方议会分区的 30 个分区中，这一测量值都比英国的基准要高。为了涵盖一般的劳动力活动，我们还设定了一个变量来指示经济活动人口占总工龄人口的百分比。最后，把 5 至 15 岁的儿童百分比包括在内，作为测量家庭规模和可能对社区建设责任感（因此也暗示着对更多税收的容忍度）的一种方式。

　　结果变量的百分比（事实上在此转换为一个比例，这仅仅是为了让系数估计值的大小更具有可读性）是从 0 到 100。遗憾的是，研究者通常在这种环境下应用标准线性模型，然后用最小二乘估计得到估计值。这是一种在不同程度上都有缺陷的应用。如果数据集中于区间的中间并且在边界没有删截，那么虽然在理论上未经证实，但结果很有可能是合理的。不过，如果数据集中在区间的任意一端或者在边界处有一定数量的删截，那么估计值就会有严重的偏误。[9]如果在上界没有删截，一个合适的模型就是伽马连接函数的广义线性模型。这一模型一般用来为方差建模，因为结果变量定义在样本空间[0，+∞]之外。由于超出 100 的选票百分比没有被定义也不存在，因此这个模型是此例的不二之选。

用伽马连接函数分析这些数据的模型产生于：

$$\underbrace{g^{-1}(\boldsymbol{\theta})}_{32\times1} = g^{-1}(\mathbf{X}\boldsymbol{\beta})$$

$$= -\frac{1}{\mathbf{X}\boldsymbol{\beta}}$$

$$= -[1\beta_0 + \text{COU}\beta_1 + \text{UNM}\beta_2$$

$$+ \text{MOR}\beta_3 + \text{ACT}\beta_4 + \text{AGE}\beta_5]^{-1}$$

$$= E[\mathbf{Y}] = E[\mathbf{YES}]$$

表 4.3　苏格兰议会税收权投票（1997 年）

	赞成票比例	议会税	女性失业（%）	标准化死亡率	从事经济活动人口（%）	5—15岁人口（%）
阿伯丁市	0.603	712	21.0	105	82.4	12.3
阿伯丁郡	0.523	643	26.5	97	80.2	15.3
安格斯	0.534	679	28.3	113	86.3	13.9
阿盖尔、比特	0.570	801	27.1	109	80.4	13.6
克拉克曼南郡	0.687	753	22.0	115	64.7	14.6
邓弗里斯、加洛韦	0.488	714	24.3	107	79.0	13.8
邓迪市	0.655	920	21.2	118	72.2	13.3
东艾尔郡	0.705	779	20.5	114	75.2	14.5
东邓巴顿	0.591	771	23.2	102	81.1	14.2
东洛锡安	0.627	724	20.5	112	80.3	13.7
东伦弗鲁郡	0.516	682	23.8	96	83.0	14.6
爱丁堡市	0.620	837	22.1	111	74.5	11.6
西部群岛	0.684	599	19.9	117	83.8	15.1
福尔柯克	0.692	680	21.5	121	77.6	13.7
法夫	0.647	747	22.5	109	77.9	14.4
格拉斯哥	0.750	982	19.4	137	65.3	13.3

续　表

	赞成票比例	议会税	女性失业（%）	标准化死亡率	从事经济活动人口（%）	5—15岁人口（%）
海　兰	0.621	719	25.9	109	80.9	14.9
因弗克莱德	0.672	831	18.5	138	80.2	14.6
中洛锡安	0.677	858	19.4	119	84.8	14.3
莫　里	0.527	652	27.2	108	86.4	14.6
北艾尔郡	0.657	718	23.7	115	73.5	15.0
北兰开夏	0.722	787	20.8	126	74.7	14.9
奥克内群岛	0.474	515	26.8	106	87.8	15.3
珀斯、金罗斯	0.513	732	23.0	103	86.6	13.8
伦弗鲁郡	0.636	783	20.5	125	78.5	14.1
苏格兰边界	0.507	612	23.7	100	80.6	13.3
设得兰群岛	0.516	486	23.2	117	84.8	15.9
南艾尔郡	0.562	765	23.6	105	79.2	13.7
南拉纳克郡	0.676	793	21.7	125	78.4	14.5
斯特灵	0.589	776	23.0	110	77.2	13.6
西邓巴顿	0.747	978	19.3	130	71.5	15.3
西洛锡安	0.673	792	21.2	126	82.2	15.1
	YES	COU	UNM	MOR	ACT	AGE

资料来源:U. K. Office for National Statistics, the General Register Office for Scotland, the Scottish Office。

这里的系统成分是 $X\beta$，随机成分是 $Y = YES$，连接函数是 $\theta = -1/\mu$。用这些数据做分析的一个挑战是表 4.3 中的每个变量相对没有太大变化。从某种程度上来说，这一问题的存在是一件好事，但是它也使得确定地区间的差异更具挑战性。

第 **5** 章

估计程序

　　这一章阐释用来产生一般线性模型系数最大似然估计的统计计算方法：迭代加权最小二乘法。所有的统计软件都是用一些迭代求根的程序来获得最大似然估计；迭代加权最小二乘法的优点是它可以为基于指数族形式（参见 Green，1984）的任何广义线性模型设定获得这些估计。内尔德和韦德伯恩（Nelder & Wedderburn，1972）在他们创始性的文章中提出，迭代加权最小二乘法是一个获得最大似然系数估计的集成数值技术（integrating numerical technique），并且 GLIM 软件包（Baker & Nelder，1978）首次以商业形式提供 IWLS。所有专业级别的统计计算应用现在都采用 IWLS 来为广义线性模型获得最大似然估计。为了全面理解这一技术的数值情况，我首先讨论在非线性模型中如何寻求系数估计（也就是求单根），然后讨论加权回归，最后讨论迭代算法。这为理解二次加权估计的特殊属性提供了背景。

第 1 节 | 牛顿—莱福逊求根法

社会学大多数的参数数据分析中,给定数据和一个模型获得参数估计的问题等同于在参数空间中获得最有可能的参数值。比如,在一个简单的二项试验中,抛 10 次硬币会产生 5 次正面,正面的概率最有可能的值是 0.5。另外,0.4 和 0.6 不太可能是优先概率,0.3 和 0.7 更不可能,以此类推。因此获得未知概率一个最大可能性的值的问题就等同于在给定数据的参数空间(在这里恰巧是[0,1])中获得概率函数的众数。这一过程描述本质上就是最大似然估计。

在许多情况下,寻找一些系数值最有可能的估计值的问题简言之就是寻找众数。在非线性模型中,我们总是倾向于使用数值技巧而不是完备的理论。数值技巧在这里是指一些算法的应用,它通过操纵数据和具体模型来产生众数点的数学解。不像已被充分证明的理论方法,线性模型的最小二乘法或者是简单抽样分布的中心极限定理在数字分析中有一定量的"混乱",这些"混乱"来自机器生成的四舍五入和在应用算法时中间步骤的删截。有良好程序的数字技术承认这些情况并且能做出相应的编码。

如果我们将数值的最大似然估计问题视觉化,那就好比在寻找参数空间中"蚁丘"的顶端,那么很容易看到,这就等同于寻找似然函数的导数为零的参数值：此处切线是水平的。幸运的是，数学家已经发展了很多技术来解决这个问题。其中最著名的可能也是应用最广泛的，叫做牛顿—莱福逊，它是基于牛顿获得多项式方程根的方法发展而来的。

牛顿的方法基于在一些给定点周围进行泰勒级数展开。原则是，数学函数值（在相关支撑集内的连续导数）在给定点 x_0，和另一个（可能接近）点的函数值 x_1 有关，给出了

$$f(x_1) = f(x_0) + (x_1 - x_0)f'(x_0)$$
$$+ \frac{1}{2!}(x_1 - x_0)^2 f''(x_0)$$
$$+ \frac{1}{3!}(x_1 - x_0)^3 f'''(x_0) + \cdots$$

这里，f' 是关于 x 的一阶导数，f'' 是关于 x 的二阶导数，以此类推。无限精度只有在级数的无限应用中才能达到（而不是像前面等式中提供的区区四项），因此是难以达到的。对于大部分统计估计的目的，在迭代过程中只要求前两项。我们也注意到，分母中阶乘函数的迅速变大意味着后面的项将会不那么重要。

假设我们对寻找点 x_1 感兴趣，使得 $f(x_1) = 0$。这是函数 $f(\ )$ 的根，从这个意义上讲，它为函数的多项表达提供了一个解。也可以理解为在 x 相对 $f(x)$ 的图中，函数与 x 轴相交的点。如果我们有一个无限精度的计算器，我们可以用泰勒级数展开在一个步骤里找到这个点：

$$0 = f(x_0) + (x_1 - x_0)f'(x_0)$$
$$+ \frac{1}{2!}(x_1 - x_0)^2 f''(x_0)$$
$$+ \frac{1}{3!}(x_1 - x_0)^3 f'''(x_0) + \cdots$$

因为没有这样的计算器，显然，根据泰勒级数展开的相加属性，我们只能用右边的一部分项至少接近期望点：

$$0 \cong f(x_0) + (x_1 - x_0)f'(x_0) \qquad [5.1]$$

这一捷径被称为高斯—牛顿法，因为它是基于牛顿算法，但是在多变量问题中得到一个最小二乘的解决方案。用牛顿的方法重新排列方程[5.1]，得到第 $(j+1)$ 步：

$$x^{(j+1)} = x^{(j)} - \frac{f(x^{(j)})}{f'(x^{(j)})} \qquad [5.2]$$

因此直到 $f(x^{(j+1)})$ 充分地接近 0 时，估计才得以逐步提高。结果显示，如果选择的开始值与结果的接近程度是合理的，这一方法就可以迅速收敛。但是，如果条件不满足，结果会非常糟。

当牛顿—莱福逊算法被应用于寻找统计中的拟合模式时，会使方程[5.1]变为寻找记分函数的根方程[3.3]：对数似然的一阶导数。首先考虑单一参数估计问题，我们从第 3 章中寻找对数似然函数方程[3.2]的形式。如果我们把方程[3.3]的记分函数看做泰勒展开的函数分析，那么迭代估计产生于

$$\theta^{(j+1)} = \theta^{(j)} - \frac{\partial/\partial\theta l(\theta^{(j)} \mid \mathbf{y})}{\partial^2/\partial\theta\partial\theta' l(\theta^{(j)} \mid \mathbf{y})} \qquad [5.3]$$

现在通过允许多项系数来一般化方程[5.3]，目的是在给定数据和一个模型的条件下，估计一个 k 维的 $\hat{\boldsymbol{\theta}}$ 估计值。适用的多元似然校正方程是：

$$\boldsymbol{\theta}^{(j+1)} = \boldsymbol{\theta}^{(j)} - \frac{\partial}{\partial\boldsymbol{\theta}} l(\boldsymbol{\theta}^{(j)} \mid \mathbf{y}) \left(\frac{\partial^2}{\partial\boldsymbol{\theta}\partial\boldsymbol{\theta}'} l(\boldsymbol{\theta}^{(j)} \mid \mathbf{y}) \right)^{-1} \qquad [5.4]$$

有时,海赛矩阵(Hessian matrix)$\mathbf{H} = \partial^2/\partial\boldsymbol{\theta}\partial\boldsymbol{\theta}' l(\boldsymbol{\theta}^{(j)}|\mathbf{y})$很难计算,所以会由关于 $\boldsymbol{\theta}$ 的期望值 $\mathbf{A} = E_{\boldsymbol{\theta}}(\partial^2/\partial\boldsymbol{\theta}\partial\boldsymbol{\theta}' l(\boldsymbol{\theta}^{(j)}|\mathbf{y}))$ 所代替。这一调整叫做费歇得分算法(Fisher scoring)。对于指数族分布和自然连接函数(表 4.1),观测和期望的海赛矩阵式是完全一样的(Fahrmeir & Tutz, 1994:39; Lehmann & Casella, 1998:124—128)。

在牛顿—莱福逊算法的每一步,由多元正态方程决定的一系列方程必须可解。形式如下:

$$(\boldsymbol{\theta}^{(j+1)} - \boldsymbol{\theta}^{(j)})\mathbf{A} = -\frac{\partial}{\partial\boldsymbol{\theta}^{(j)}}l(\boldsymbol{\theta}^{(j)}|\mathbf{y}) \qquad [5.5]$$

由于已经给定存在一个正态形式,因此在计算上,使用最小二乘法在每一次迭代中求解十分方便。所以,模式发掘的问题就简化为一个重复的加权最小二乘法的应用,其中,$\mathbf{A}$ 的对角线上值的倒数是合适的权重。接下来的小节将描述在一般情况下的加权最小二乘法。

第 2 节 | 加权最小二乘法

线性模型回归系数的最小二乘估计来自 $\hat{\boldsymbol{\beta}} = (\mathbf{X}'\mathbf{X})^{-1}\mathbf{X}'\mathbf{Y}$。这一解不仅最小化了误差平方和 $(\mathbf{Y}-\mathbf{X}\boldsymbol{\beta})'(\mathbf{Y}-\mathbf{X}\boldsymbol{\beta})$，同时也是最大似然估计。对于非恒量的误差方差（异方差性），一个标准的修正技巧是在计算 $\hat{\boldsymbol{\beta}}$ 时加入一个权重 $\boldsymbol{\Omega}$ 的对角线矩阵，以缓解异方差性。通过取第 i 个案例的误差方差（可以是估计的或者已知的）来得到 $\boldsymbol{\Omega}$ 矩阵 v_i，并且指定第 i 个对角线的倒数是：$\boldsymbol{\Omega}_{ii}=1/v_i$。这里的概念是，大的误差方差因倒数的相乘而减少。

为了进一步解释加权回归的想法，我们由方程[1.2]的标准线性模型开始：

$$Y_i = \mathbf{X_i}\boldsymbol{\beta} + \varepsilon_i \qquad [5.6]$$

在误差项中存在异方差性：$\varepsilon_i = \varepsilon v_i$，这里，共有的（最小的）方差是 ε（也就是没有下标的项），而差别体现在 v_i 项上。这里给出一个微小但有启发性的例子，设想一个异方差的误差向量：$\mathbf{E}=[1,2,3,4]$，那么 $\varepsilon=1$，并且 $\mathbf{v}$ 向量是 $\mathbf{v}=[1,2,3,4]$。因此，通过之前的逻辑，这个例子中的 $\boldsymbol{\Omega}$ 矩阵是：

$$\boldsymbol{\Omega} = \begin{bmatrix} \dfrac{1}{\nu_1} & 0 & 0 & 0 \\ 0 & \dfrac{1}{\nu_2} & 0 & 0 \\ 0 & 0 & \dfrac{1}{\nu_3} & 0 \\ 0 & 0 & 0 & \dfrac{1}{\nu_4} \end{bmatrix} = \begin{bmatrix} 1 & 0 & 0 & 0 \\ 0 & \dfrac{1}{2} & 0 & 0 \\ 0 & 0 & \dfrac{1}{3} & 0 \\ 0 & 0 & 0 & \dfrac{1}{4} \end{bmatrix}$$

我们可以将方程[5.6]中的每一项自左乘 $\boldsymbol{\Omega}$ 矩阵的平方根（也就是标准差）。这一"平方根"事实上产生于丘拉斯基分解（Cholesky factorization）：如果 $\mathbf{A}$ 是一个正定的[10]、对称的（$\mathbf{A}' = \mathbf{A}$）矩阵，那么一定存在一个 $\mathbf{G}$ 矩阵使得 $\mathbf{A} = \mathbf{G}\mathbf{G}'$。在我们的例子中，这一分解被大大地简化了，因为 $\boldsymbol{\Omega}$ 矩阵只有对角线值（所有非对角线的值都为 0）。因此丘拉斯基分解简单地产生于这些对角线值的平方根。像这样自左乘方程[5.6]，得到：

$$\boldsymbol{\Omega}^{1/2}\mathbf{Y_i} = \boldsymbol{\Omega}^{1/2}\mathbf{X_i}\boldsymbol{\beta} + \boldsymbol{\Omega}^{1/2}\boldsymbol{\varepsilon_i} \qquad [5.7]$$

因此，如果误差项的异方差性表达为一个矩阵的对角线值：$\boldsymbol{\varepsilon} \sim (0, \sigma^2\mathbf{V})$，那么方程[5.7]给出 $\boldsymbol{\varepsilon} \sim (0, \boldsymbol{\Omega}\sigma^2\mathbf{V}) = (0, \sigma^2)$，这样，异方差性就被消除了。现在，我们不最小化 $(\mathbf{Y} - \mathbf{X}\boldsymbol{\beta})'(\mathbf{Y} - \mathbf{X}\boldsymbol{\beta})$，而是最小化 $(\mathbf{Y} - \mathbf{X}\boldsymbol{\beta})'\boldsymbol{\Omega}^{-1}(\mathbf{Y} - \mathbf{X}\boldsymbol{\beta})$，加权最小二乘估计值由 $\hat{\boldsymbol{\beta}} = (\mathbf{X}'\boldsymbol{\Omega}\mathbf{X})^{-1}\mathbf{X}'\boldsymbol{\Omega}\mathbf{Y}$ 得出。后一个结果是通过重新排列方程[5.7]得到的。加权最小二乘估计给出的是有异方差性的情况下，系数估计值中最佳的线性无偏估计（BLUE）。注意，如果残差是同方差的，那么权重就是简单的 1，并且方程[5.7]简化为方程[5.6]。

第 3 节 | 迭代加权最小二乘法

假设用作 Ω 对角线值倒数的个体方差未知,且不能被轻易估计,但已知它们是结果变量均值的一个函数: $v_i = f(E[Y_i])$。那么,如果结果变量的期望值 $E[Y_i] = \mu$ 和关系函数的形式 $f(\ )$ 是已知的,这就是一个非常直观的估计过程。不幸的是,尽管方差结构与均值函数的相关性非常普遍,但是相对来说,我们不太知道这一相关的确切形式。

这个问题的一个解决方法是迭代地估计权重,在每一轮估计中用均值函数提升估计。因为 $\mu = g^{-1}(\mathbf{X}\boldsymbol{\beta})$,因此系数估计 $\hat{\boldsymbol{\beta}}$ 提供了一个均值估计,反过来也是一样。因此算法用渐进提升的权重来迭代估计这些量。过程如下:

1. 为权重设定起始值,一般等于 1(也就是没有权重的回归): $1/v_i^{(1)} = 1$,并且构建对角线矩阵 Ω,防止以零做除数。

2. 以现有的权数用加权最小二乘法估计 $\boldsymbol{\beta}$。第 j 个估计是: $\hat{\boldsymbol{\beta}}^{(j)} = (\mathbf{X}'\boldsymbol{\Omega}^{(j)}\mathbf{X})^{-1}\mathbf{X}'\boldsymbol{\Omega}^{(j)}\mathbf{Y}$。

3. 用新估计的均值向量 $1/v_i^{(j+1)} = \text{VAR}(\mu_i)$ 更新权数。

4. 重复第二步和第三步直到收敛(也就是 $\mathbf{X}\hat{\boldsymbol{\beta}}^{(j)}$ — $\mathbf{X}\hat{\boldsymbol{\beta}}^{(j+1)}$ 足够接近于 0)。

在满足指数族分布的一般条件下,迭代加权最小二乘的程序得到似然函数的众数,然后产生未知系数向量 $\hat{\boldsymbol{\beta}}$ 的最大似然估计。进一步地,由 $\hat{\sigma}^2(\mathbf{X}'\boldsymbol{\Omega}\mathbf{X})^{-1}$ 产生的矩阵与 $\hat{\boldsymbol{\beta}}$ 的方差矩阵按照预期成概率收敛。

因为我们在广义线性模型中确定了一个明确的连接函数,所以多元正态方程[5.8]的形式可以修改为包括这一嵌入的转化:

$$(\boldsymbol{\theta}^{(j+1)} - \boldsymbol{\theta}^{(j)})\mathbf{A} = -\frac{\partial \mathbf{l}(\boldsymbol{\theta}^{(j)} \mid \mathbf{y})}{\partial g^{-1}(\boldsymbol{\theta})} \frac{\partial g^{-1}(\boldsymbol{\theta})}{\partial(\boldsymbol{\theta})} \qquad [5.8]$$

很明显,在线性模型的情况下,当连接仅仅是恒等函数时,方程[5.8]就简化为方程[5.5]。对于广义线性模型,IWLS 操作的总体策略相当简单:用费歇得分的牛顿—莱福逊算法反复地应用于修正的常规方程[5.8]。对于精辟细致的分析和这一操作的扩展,读者可以参看格林(Green, 1984)和德尔皮诺(del Pino, 1989)的论述。

例 5.1:死刑的泊松广义线性模型(续)。回到为美国全国范围内实行死刑建模的问题,我们现在用迭代加权最小二乘算法得到在 $E[\mathbf{Y}] = g^{-1}(\mathbf{X}\hat{\boldsymbol{\beta}})$ 中期望的 $\hat{\boldsymbol{\beta}}$ 系数。表 5.1 是得到的结果。

迭代加权最小二乘算法在这个例子中迭代三次后收敛,部分是因为例子的简单性,部分是因为似然面结构的良好表现。标准差的计算来自方差—协方差矩阵对角线的平方根,它们是先前讨论的预期海赛矩阵的负倒数:$\mathbf{A} =$

$E(\partial^2/\partial\boldsymbol{\theta}\partial\boldsymbol{\theta}'l(\boldsymbol{\theta}^{(j)}\mid\mathbf{y}))$。因为在此例中用了预期海赛计算，因此估计算法是费歇得分。方差—协方差矩阵在这些设置中常常有利于确定是否存在类似多重共线性（非对角线上的大数）和近似不可识别性（行或列的所有值等于或近似于 0）的问题。方差协方差矩阵在这个问题上没有这些异常状态的迹象：

表 5.1 对美国死刑案数据的建模（1997 年）

	系　数	标准差	95％置信区间
（截距）	−6.306 65	4.176 78	[−14.492 99：　1.879 69]
收入中位数	0.000 27	0.000 05	[　　0.000 17：　0.000 37]
贫困比例	0.068 97	0.079 79	[−0.087 41：　0.225 34]
黑人比例	−0.095 00	0.022 84	[−0.139 78：−0.050 23]
对数（暴力犯罪）	0.221 24	0.442 43	[−0.645 91：　1.088 38]
南部	2.309 88	0.428 75	[　　1.469 55：　3.150 22]
学位比例	−19.702 41	4.463 66	[−28.451 02：−10.953 80]

零偏离:136.573, $df = 16$　　　　　　　　最大化 $l(\ )$:−31.737 5

总偏离:18.212, $df = 11$　　　　　　　　　　　AIC:77.475

$$\mathbf{VC}=(-\mathbf{A})^{-1}=\begin{bmatrix} \text{Int} & \text{INC} & \text{POV} \\ 17.445\,501\,654 & -0.000\,131\,052 & -0.198\,325\,558 \\ -0.000\,131\,052 & 0.000\,000\,003 & 0.000\,001\,862 \\ -0.198\,325\,558 & 0.000\,001\,862 & 0.006\,365\,688 \\ 0.017\,689\,695 & 0.000\,000\,113 & 0.000\,158\,039 \\ -1.484\,011\,921 & 0.000\,004\,171 & 0.003\,911\,954 \\ 0.368\,916\,884 & -0.000\,006\,245 & -0.017\,825\,119 \\ -4.651\,658\,695 & -0.000\,094\,858 & 0.121\,451\,892 \end{bmatrix}$$

BLK	log(CRI)	SOU	DEG
0.017 689 695	−1.484 011 921	0.368 916 884	−4.651 658 695
0.000 000 113	0.000 004 171	−0.000 006 245	−0.000 094 858
0.000 158 039	0.003 911 954	−0.017 825 119	0.121 451 892
0.000 521 871	−0.003 283 494	−0.005 090 192	−0.033 679 253
−0.003 283 494	0.195 742 167	−0.001 384 018	0.397 439 934
−0.005 090 192	−0.001 384 018	0.183 825 030	0.298 730 196
−0.033 679 253	0.397 439 934	0.298 730 196	19.924 250 374

这个模型提供了几个有趣的实质性结论。州的贫困百分比系数和上一年犯罪率对数的系数的 95％ 置信区间包括 0。因此这个模型和这些数据没有提供证据表明死刑率依赖于贫困水平或者上一年的犯罪率。它们经常被用来解释更高的谋杀率，因此可能导致更高的死刑率。但是，更高的收入和教育水平的 95％ 置信区间不包含 0（事实上，离 0 很远）。收入的系数符号是正的，意味着越高的收入与更多的死刑相关。有趣的是，有更高教育水平的州倾向于有更少的死刑。可以说，增加教育（一般是在大学层面）可以令人们对死刑更加反感。

黑人人口百分比的系数符号为负。同样有意思的是，其 95％ 置信区间不包含 0。一个可能的解释与多数的证据有关，就是黑人因犯获死刑的比例高于其在人口中的比例（Baldus & Cole，1980）。南部变量的系数是正的，并且值很大，这并不出乎我们所料，意味着南部州在美国的那个地区有死刑的历史。

这里有两点合理的建议。第一，注意在表 5.1 中提供了 95％ 的置信区间，而不是 t 统计值和 p 值。事实上，如果必要的话,在模型中这四个 95% 置信区间不包含 0 的参数可以报告它们 99.9% 的置信区间内不包含 0。用置信区间而不是在文中使用 p 值或者"星号",是为了避免对这些在社会科学中经常使用的标记的常见误解(Gill,1999)。

第二,在表 5.1 中的系数不应该被解释为线性模型的系数:第 k 个解释变量值一个单位的变化不能导致结果变量一个 β_k 的变化,因为关系是通过非线性连接函数来表达的。一个更合适的解释是看一阶差分(first differences):在一些解释变量值的两个水平(由研究者决定)分析结果变量的不同。在死刑的例子中,除了指示州是否在南部的虚拟变量之外,如果我们保持所有的解释变量在它们的均值上不变,那么对于这个虚拟变量的一阶差分就是 8.156 401。这意味着如果一个州位于南部,那么在该州每年会预计增加大约八起死刑。需要注意的是,在我们稍后讨论残差时可以看到,得克萨斯州在很大程度上推动了这一结果。

图 5.1 提供了另一种方法来看关于死刑的泊松广义线性模型(GLM)的结果。在这一图示中,死刑数的均值沿着 Y 轴绘制,每一个解释变量在其观察范围内沿着 X 轴绘制,粗线是虚拟变量为 1(南部)的情况,细线是虚拟变量为 0(非南部)的情况。在每一个特定的图中没有显示的变量保持在它们的均值上不变。这样我们可以看到,在控制了其他变量的情况下,根据二元变量的状态,一个特定解释变量的变化如何不同地影响结果变量。比如,在面板 1 中我们看到,当收入增加时,死刑的均值数在非南部州增加得很少但是在南部州增加显著,并且似乎呈指数级增长。

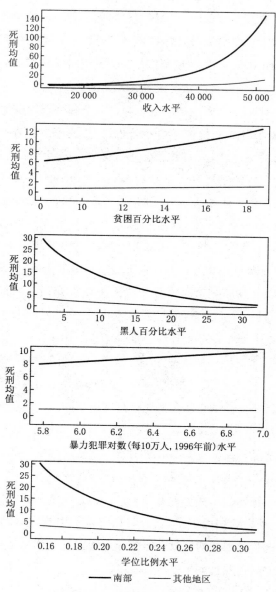

图 5.1   南部地区:死刑模型

面板 3 和面板 5 明显有着相似的效果。当黑人的百分比和教育水平都增加时,南部州的死刑均值显著下降,直到它几乎和非南部州的上限汇合。注意,这一方法提供了更多的信息,而不仅仅是简单地观察到估计系数的符号为负。

例 5.2:苏格兰选举政治的伽马广义线性模型(续)。回到在第 4 章讨论过的苏格兰选举的例子,我们现在用伽马连接函数 $\theta = -1/\mu$ 来运行广义线性模型,得到在表 5.2 中的结果。

表 5.2　为议会税收权的选举建模(1997 年)

	系数	标准差	95%置信区间
(截距)	−1.776 53	1.147 89	[−4.145 66： 0.592 61]
地方议会税收	0.004 96	0.001 62	[0.001 62： 0.008 31]
女性失业率	0.203 44	0.053 21	[−0.093 63： 0.313 26]
标准化死亡率	−0.007 18	0.002 71	[−0.012 78：−0.001 59]
从事经济活动人口	0.011 19	0.004 06	[0.002 81： 0.019 56]
GDP(国内生产总值)	−0.000 01	0.000 01	[−0.000 04： 0.000 01]
5—15 岁儿童人口百分比	−0.051 87	0.024 03	[−0.101 45：−0.002 28]
地方议会税收：女性失业率	−0.000 24	0.000 07	[−0.000 40：−0.000 09]
零偏离:0.536 072, $df = 31$			最大化 $l(\ )$:63.89
总偏离:0.087 389, $df = 24$			AIC:−111.78

在这个例子中,迭代加权最小二乘算法在迭代两次后收敛。离散参数,$a(\emptyset) = 1/\delta$ 被估计为 0.003 584。在接下来的部分,当我们回到这一例子时,我们会用这些信息讨论残差和模型拟合。另外,我们还在模型中增加了一个地方议会税收和女性失业变量的交叉项。这种做法与在标准线性模型中一样。这里的迹象表明,地方议会税收的增量与女性失业率斜率的下降相关。应该注意的是,我们并没有断言有因果

关系。

结果模型有一些有趣的发现。首先，奇怪的是，GDP 的 95％置信区间（CI）包括 0（也就是，在 $p < 0.05$ 的水平上，统计不显著）。人们也许会认为在给定地区，经济产量的水平会塑造税收政策和税收权力的态度，但是这些数据和这个模型并没有证据表明这一效应。另外一个经济变量——现阶段的地方议会税收的系数在 95％置信区间内不包括 0。符号是正的，意味着有更高税收的地方议会（像格拉斯哥）视国家议会税收为一个潜在替代品，因为现有的征税是对它们不利的不公平征税。另外，高税收的区域一般更城市化，因此也可能是城市的选民，而不是被征高税收的选民，他们更倾向于国家议会的征税权力（尽管这一论断没有在此进行特别检验）。

每一个社会变量的 95％置信区间都没有包含 0，因为这个模型在解释选举时，显然偏向于社会效益而非经济效益。两个与就业相关的变量都是正的，这让人有些迷惑。更高水平的失业率（通过女性对福利的申请来测量）与对新征税主体的更多支持相关。然而，更多从事经济活动的个人也与更多的支持相关。死亡指数是负的，似乎暗示老的选民对国家议会征税没有太多热情，又或者更传统。最后，有着更多 5—15 岁儿童的选区不太可能支持这一议题。因此，现有的地方议会征税为有儿童的家庭提供了减免，这可能被将来一些新的税收计划所关注，从而提供不同的优先考虑。

这个例子中发展出来的模型的拟合质量会在下一部分得到分析。在这期间，一个明显的情况是，所有解释变量（除了其中一个）的 95％置信区间都不包含 0。

第 **6** 章

残差和模型拟合

第 1 节 | 定义残差

残差(误差、扰动项)在线性模型中通常都会被分析,目的就是确定拟合差的值。如果观察到存在大量这样的拟合差值,那么通常线性拟合就被确定为是不合适数据的。残差的其他普通用途包括:寻找非线性特征、评估新解释变量的效应、产生拟合统计值以及评估个体数据点的杠杆值(到均值的距离)和影响值(施加到系数上的变化)。

由于一般化了有着广泛类别的结果变量形式,广义线性模型中的残差一般不是正态分布的,因此要求更加仔细的分析。尽管有这样的挑战,我们仍希望在广义线性模型中,残差的形式是接近于标准正态分布的,或者用考克斯和斯内尔(Cox & Snell, 1968)的话说,至少"近似于同分布"。这样就可以运用那些围绕线性模型的众多图形和推理工具,从而检查出潜在的异常值和其他令人关注的现象。这一章的核心是讨论安斯库姆(Anscombe)和偏差残差,相对于在固定格式中建构的一个广义线性模型,它们试图去描述数据的随机行为,这类似于标准线性模型中残差的正态理论分析。

事实上,广义线性模型中会使用五种不同类别的残差:响应残差、皮尔森残差、工作残差、安斯库姆残差和偏差残差,本章会对它们分别进行讨论。对于标准线性模型,这些形式是等同的。但是,对于其他指数族形式,它们非常不同也容易让人困惑。

广义线性模型的一个显著优势是不受限于高斯—马尔科夫假设,即残差的均值为 0,方差恒定。但是这一自由性的代价是需要解释更加复杂的随机结构。目前,主流的逻辑是通过看(总的)差异来评估随机因素:对一些设定模型 $D = \sum_{i=1}^{n} d(\boldsymbol{\theta}, y_i)$,函数用来描述观察与期望结果之间的数据差异。这一定义在此阶段故意没有明确化,是为了强调 D 的形式是广泛适用的。比如,如果 D 的差异由单个均值的平方算术差来测量,那么这就变成了方差的标准形式。对于广义线性模型,与均值的平方差是对差异一个过度限制的定义,而一个基于似然的测量会有用得多。

对于标准线性模型,残差向量不仅很容易计算,在决定模型的拟合中也发挥着核心作用。响应残差向量简单地用 $\mathbf{R}_{\text{Response}} = \mathbf{Y} - \mathbf{X}\boldsymbol{\beta}$ 来计算,用来测量在拟合线周围的离散度和高斯—马尔科夫假设的遵从程度。正如对广义线性模型的应用一样,线性预测值需要由连接函数转换到可以与响应向量具有可比性。因此,广义线性模型的响应残差向量是 $\mathbf{R}_{\text{Response}} = \mathbf{Y} - g^{-1}(\mathbf{X}\boldsymbol{\beta})$。

虽然在介绍性的课本里很少提到,但是根据标准假设,线性模型对少量的偏差一般是稳健的。社会科学数据中的个体案例之间普遍有一定的关联。有时存在大的奇异值,它们或许有也或许没有影响(单单一个就可以在估计斜率上导致不小的变化)。在很多这样的情况下,重要的结论一般不会被影响,或者相对于测量误差的假定效应很少被影响。此外，残差的渐进正态性通过诉诸中心极限理论的林德伯格—费勒变体(Lindeburg-Feller variant)，在一般情形下仍然是可行的。这一理论放宽了个案独立的条件，支持并非一个单独的项就可以支配总和的情况。但是，产生显著而非轻度偏离基本条件的残差，对于广义线性模型来说远不是特有的。在这些情况下，响应残差提供给我们的信息很少。

对于标准响应残差，一个基本的选择是皮尔森残差。这是由期望值的标准差标度的响应残差：

$$R_{Pearson} = \frac{Y - \mu}{\sqrt{VAR[\mu]}}$$

皮尔森残差试图通过用期望值的标准误相除来为响应残差提供某种程度的标尺。泊松广义线性模型的皮尔森残差总和是所有统计包都会报告的皮尔森 χ^2 拟合优度的测量，因此称为皮尔森残差。在理想和渐进的情况下，皮尔森残差是正态分布的。不幸的是，正如响应残差，皮尔森残差可能是非常偏态的，因此会使典型离散度的测量产生误导。

拟合广义线性模型的过程中，软件程序用迭代加权最小二乘算法。正如第 5 章所描述的，就是在线性估计的每一步计算出一套可用的权数直到适合的导数与零足够接近。一个偶尔有用的数量产生于迭代加权过程中最后(也是决定性的)一步的残差：现有的工作响应和线性预期之间的差异。这定义为：

$$R_{Working} = (y - \mu) \frac{\partial}{\partial \theta} \mu$$

残差有时用做评估收敛的诊断和模型在这个点上拟合的指示。由于缺乏工作残差的一般性理论，这妨碍了它们在更广泛情况下的使用。

安斯库姆残差

为了弥补皮尔森残差非正态问题的缺陷，一个方法是改变皮尔森残差中分子的两个项，使得残差的分布与正态分布尽量接近（Anscombe，1960，1961）。基本的想法是，对残差进行这样的转换，一阶渐进偏态可以得到缓和，并且形式也近似是单峰和对称的。新的方程 $A(y)$ 由下列方程给出：

$$A(y) = \int \mathrm{VAR}[\mu]^{-1/3} \, d\mu \qquad [6.1]$$

这里，$\mathrm{VAR}[\mu]$ 是第 3 章中由 μ 表达的方差函数。安斯库姆残差对于这个函数的 Y 和 μ 都适用，调整方差的标尺到正态是通过除以

$$\frac{\partial}{\partial \mu} A(y) \sqrt{\tau^2} \qquad [6.2]$$

用第 3 章表 3.1 中 τ^2 的定义。因此这一解用不同的方程以最大可能的程度来模仿正态性。文献中安斯库姆残差的形式极具多样性（McCullagh & Nelder，1989：38；Fahrmeir & Tutz，1994：132；Pierce & Schafer，1986：978；Cox & Snell，1968：258—261）。这些形式多样性的部分原因是很多学者想要通过对一个整数值增加或者减少一个常数使估计值向均值趋于平稳，从某种意义上来说，类似于在独立卡方检验中的耶茨矫正因子（Yates' correction factor）。但是，如果样本量很大，就不会产生显著的差异。根据复杂性和实用性，也有很多矫正偏误的方法。这本专著主张麦卡拉和内尔德

（McCullagh & Nelder，1989）的观点，在这个阶段，最简单的形式就是最好的，为了简约起见（而不是批评这些方法），我们将去掉那些复杂改良的部分。

表 6.1   安斯库姆残差

泊松	$A(y)$	$\int (\mathrm{VAR}[\mu])^{-1/3}d\mu = \int (\mu)^{-1/3}d\mu = \dfrac{3}{2}\mu^{2/3}$
	$\dfrac{\partial}{\partial \mu}A(y)\sqrt{\tau^2}$	$\dfrac{\partial}{\partial \mu}A(y)\sqrt{\tau^2} = \left[\dfrac{\partial}{\partial \mu}\dfrac{3}{2}\mu^{2/3}\right]\sqrt{\mu} = \mu^{1/6}$
	R_A	$\dfrac{3}{2}(y^{2/3}-\mu^{2/3})/\mu^{1/6}$
二项	$A(y)$	$\Phi(\mu) = \displaystyle\int_0^\mu t^{-1/3}(1-t)^{-1/3}d\mu$ $= I_\mu\left(\dfrac{2}{3},\dfrac{2}{3}\right)B\left(\dfrac{2}{3},\dfrac{2}{3}\right)\mu_i^{1/6}(1-\mu_i)^{1/6}$
	R_A	$\left(\Phi\left(\dfrac{Y_i}{m_i}\right)-\Phi(\mu_i)\right)\mu_i^{1/6}(1-\mu_i)^{1/6}$
伽马	$A(y)$	$\int (\mathrm{VAR}[\mu])^{-1/3}d\mu = \int (\mu^2)^{-1/3}d\mu = 3\mu^{1/3}$
	$\dfrac{\partial}{\partial \mu}A(y)\sqrt{\tau^2}$	$\left[\dfrac{\partial}{\partial \mu}3\mu^{1/6}\right]\mu = \mu^{1/3}$
	R_A	$3(y^{1/3}-\mu^{1/3})/\mu^{1/3}$
负二项	$A(y)$	$\Phi(\mu) = \displaystyle\int_0^\mu t^{-1/3}(1-t)^{-1/3}d\mu$ $= I_\mu\left(\dfrac{2}{3},\dfrac{2}{3}\right)B\left(\dfrac{2}{3},\dfrac{2}{3}\right)\mu_i^{1/6}(1-\mu_i)^{1/6}$
	R_A	$\left(\Phi\left(\dfrac{r_i}{Y_i}\right)-\Phi(\mu_i)\right)\mu_i^{1/6}(1-\mu_i)^{1/6}$

表 6.1 展示了示例里指数族中安斯库姆残差的结果。根据麦卡拉和内尔德（McCullagh & Nelder，1989）的方法，在特定方程计算前去掉常数项，因为不管怎样，它们在最后一步也会被消除。表 6.1 中没有包括标准线性模型的安斯库姆残差形式，因为这些残差在构造上已经是正态的了。

表 6.1 中二项转换的展开不同于描述的程序。直接应用 $A(y) = \int (\text{VAR}[\mu])^{-1/3} d\mu$ 得到 $A(y) = \int_0^x t^{a-1}(1-t)^{b-1} dt$，在分析上很难驾驭，也很难按数字顺序列出。考克斯和斯内尔（Cox & Snell，1968）巧妙地用完整的贝塔函数 $B(a, b) = \Gamma(a)\Gamma(b)/\Gamma(a+b)$（这里，伽马函数是类似离散阶乘表示法"!"的连续表示）除以不完整的贝塔函数 $\phi(\mu)$，这样可以得到一个易于制表的对称形式（Cox & Snell，1968：260）。[11] 并且，他们发现，尽管没有特定的理论合理性，分母中的正态项却有很好的实证属性。

表 6.1 的二项形式比较了这些实证结果 Y_i/m_i、在每种情况下的 m 次试验中的成功数、系统成分和通过连接函数的贡献率 μ_i。为了阐明获得二项安斯库姆残差的过程，考虑一个假设的例子，$y_i/m_i = 0.12$，并且 $\mu_i = 0.24$。用考克斯和斯内尔的表格，我们可以查到以下的值：$I_{0.12} = 0.181$，$I_{0.24} = 0.292$。安斯库姆残差可以产生于：

$$\Phi\left(\frac{y_i}{m_i}\right) = I_{0.12}\left(\frac{2}{3}, \frac{2}{3}\right) B\left(\frac{2}{3}, \frac{2}{3}\right)$$
$$= (0.181)(2.053\,39) = 0.371\,663\,6$$
$$\Phi(\mu_i) = I_{0.24}\left(\frac{2}{3}, \frac{2}{3}\right) B\left(\frac{2}{3}, \frac{2}{3}\right)$$
$$= (0.292)(2.053\,39) = 0.599\,589\,9$$
$$\mu_i^{1/6}(1-\mu_i)^{1/6} = (0.24)^{1/6}(1-0.24)^{1/6} = 0.753\,073\,7$$
$$R_A = \frac{0.371\,663\,6 - 0.599\,589\,9}{0.753\,073\,7} = -0.302\,661\,3$$

关于安斯库姆残差的文献没有包含对负二项 PMF 的直接讨论。规定的负二项式 $A(y)$ 积分产生的形式比二项式更加不堪：$\int (\mu^{-2} - \mu^{-1})^{1/3} d\mu$。我们的建议是诉诸其与二项分布的相似性，采用考克斯和斯内尔的方法。假设 X_1 是一个有 n 次试验并且概率为 p 的二项分布，X_2 是有 r 次成功预期并且概率为 p 的负二项分布。那么累积分布函数在点 $r-1$ 和在点 $n-r$ 上就是等同的：$F_{X_1}(r-1) = F_{X_2}(n-r)$（Casella & Berger，1990：123），并且可以认为在这些点上，一系列假设的连续失败得以终结。基于这种等同，我们可以将这些安斯库姆残差同等对待。在表 6.1 中就采用了这种方法，唯一的不同是概率测定是在分子中。

偏差函数和偏差残差

到目前为止，广义线性模型中最有用的残差类别是偏差残差。这也是最一般的形式。常用的审视模型设定的方法是分析似然比例统计值（n 个数据值，n 个设定参数，用一模一样的数据和连接函数）。拟合的差别一般被叫做总和偏差。因为这种偏差的构成不仅来自每一个数据点，而且来自相对小的子集参数的总和与每一个数据点的一个参数的差别，因此这些个体偏差与残差是直接可比的。

从方程[3.2]记法中一个拟建模型的对数似然开始，加上"∧"记号以提醒它是在最大似然值处的估计：

$$l(\hat{\boldsymbol{\theta}}, \psi \mid \mathbf{y}) = \sum_{i=1}^{n} \frac{y_i \hat{\boldsymbol{\theta}} - b(\hat{\boldsymbol{\theta}})}{a(\psi)} + c(\mathbf{y}, \psi)$$

同时，用同样的数据和同样的连接函数考虑同样的对数似然函数，不同的是它现在对于 n 个数据点有 n 个系数，也就是

说,饱和模型的对数似然函数用"～"函数来指示 n 段 $\mathbf{\theta}$ 向量:

$$l(\widetilde{\mathbf{\theta}}, \psi \mid \mathbf{y}) = \sum_{i=1}^{n} \frac{y_i \widetilde{\mathbf{\theta}} - b(\widetilde{\mathbf{\theta}})}{a(\psi)} + c(\mathbf{y}, \psi)$$

这是在给定数据 $\mathbf{y}$ 的情况下,对数似然函数可以达到的最高的可能值。然而,除了做一个基准点之外,通常它对于分析没有什么帮助。偏差函数被定义为负两倍的对数似然比率(那是算术差,因为两项都已经写成对数形式了):

$$\begin{aligned}
D(\mathbf{\theta}, \mathbf{y}) &= -2 \sum_{i=1}^{n} \left[l(\widetilde{\mathbf{\theta}}, \psi \mid \mathbf{y}) - l(\widetilde{\mathbf{\theta}}, \psi \mid \mathbf{y}) \right] \\
&= -2 \sum_{i=1}^{n} \left[\left(\frac{y_i \widetilde{\mathbf{\theta}} - b(\widetilde{\mathbf{\theta}})}{a(\psi)} + c(\mathbf{y}, \psi) \right) \right. \\
&\quad \left. - \left(\frac{y_i \hat{\mathbf{\theta}} - b(\hat{\mathbf{\theta}})}{a(\psi)} + c(\mathbf{y}, \psi) \right) \right] \\
&= -2 \sum_{i=1}^{n} \left[y_i (\widetilde{\mathbf{\theta}} - \hat{\mathbf{\theta}}) - (b(\widetilde{\mathbf{\theta}}) - b(\hat{\mathbf{\theta}})) \right] a(\psi)^{-1}
\end{aligned}$$

$$[6.3]$$

有时偏差函数(或者总和偏差)由权重因数 w_i 指示,以调节分类数据。并且,当 $a(\psi)$ 包含于方程[6.3]时,叫做定标的(scaled)偏差函数;否则,它就自然地被称为未定标的(unscaled)偏差函数。

这是数据加权的最大似然估计的差异总和以及 $b(\theta)$ 参数的一个测量。因此,偏差函数给出一个在饱和模型(拟合每一个数据点,将所有的变异指定到系统成分)和拟建模型(反映研究者对系统成分和随机成分识别的信念)之间权衡的测量。拟合的假设检验运用的是 $D(\mathbf{\theta}, \mathbf{y}) \sim \chi^2_{n-k}$ 的渐进属性(尽管收敛的渐进率根据指数族形式的不同而变化巨大)。我们也观察到,第 2 章详细阐述的 $b(\theta)$ 函数再一次发挥了一个关键的作用。

尽管计算 $D(\boldsymbol{\theta}, \mathbf{y})$ 相对来说是显而易见的,但我们通常不需要阐述这一计算,像很多课本只提供常用的 PDF 和 PMF 的结果一样。对于示例,表 6.2 给出了偏差函数。

偏差函数的一个用途是它也允许看个体的偏差贡献,像线性函数中的残差一样。单个点的偏差函数仅仅是对于第 y_i 个点的偏差函数(也就是没有总和):

$$d(\boldsymbol{\theta}, y_i) = -2\left[y_i(\widetilde{\boldsymbol{\theta}} - \widehat{\boldsymbol{\theta}}) - (b(\widetilde{\boldsymbol{\theta}}) - b(\widehat{\boldsymbol{\theta}}))\right]a(\psi)^{-1}$$

表 6.2　偏差函数

分　布	标准参数	偏差函数
泊松(μ)	$\theta = \log(\mu)$	$2\sum\left[y_i\log\left(\dfrac{y_i}{\mu_i}\right) - y_i + \mu_i\right]$
二项(m, p)	$\theta = \log\left(\dfrac{\mu}{1-\mu}\right)$	$2\sum\left[y_i\log\left(\dfrac{y_i}{\mu_i}\right) + (m_i - y_i)\log\left(\dfrac{m_i - y_i}{m_i - \mu_i}\right)\right]$
标准(μ, σ)	$\theta = \mu$	$\sum(y_i - \mu_i)^2$
伽马(μ, δ)	$\theta = -\dfrac{1}{\mu}$	$2\sum\left[-\log\left(\dfrac{y_i}{\mu_i}\right) + \dfrac{y_i - \mu_i}{\mu_i}\right]$
负二项(μ, p)	$\theta = \log(1-\mu)$	$2\sum\left[y_i\log\left(\dfrac{y_i}{\mu_i}\right) + (1+y_i)\log\left(\dfrac{1+\mu_i}{1+y_i}\right)\right]$

为了定义第 y_i 个点的偏差残差,我们取平方根:

$$R_{\text{Deviance}} = \frac{(y_i - \mu_i)}{|y_i - \mu_i|}\sqrt{|d(\boldsymbol{\theta}, y_i)|}$$

在这里,$(y_i - \mu_i)/|y_i - \mu_i|$ 只是一个保留符号的函数。

皮尔斯和谢弗(Pierce & Schafer, 1986)详细地研究了偏差残差并建议给表 6.2 右栏中的每一项增加一个连续校正 $E_\theta[(y_i - \mu_i)/\text{VAR}[y_i]]$[3] 来提高正态估计。此外,对于二项、负二项和泊松指数族形式,他们指定从结果 y_i 的整数值中加或减 1/2，使得这些值趋向于均值。因此，它们被称为校正偏差（adjusted deviances）。

尽管是完全不同的偏差，安斯库姆和偏差残差的表现却出奇地相似。这是因为这两种情况下残差的目标都是正态性。总体来说，这两种方法在产生残差结构上都很成功，也就是以 0 为中心，标准误为 1，并且近似正态。

例 6.1：死刑的泊松广义线性模型（续）。我们再一次使用 1997 年美国死刑数据，基于泊松模型的例子，我们现在看模型中的各种残差。特意选择这些数据是因为有一个案例的结果变量值明显很大：得克萨斯。这个案例的主导作用使得残差分析格外有趣。表 6.3 提供了每一个研究类型的残差向量。

注意表 6.3 中，不同的残差类型下残差的符号都没有改变。如果观察到一个符号的改变，那么就应该怀疑有编码错误。这个表格也支持了以下观点：尽管偏差和安斯库姆残差在理论上看起来非常不同，但是在实践上却没有那么不同。另外，皮尔森残差与偏差或安斯库姆残差在这个例子中也没有特别不同，除了一个点（密苏里州）产生了一个明显的偏斜，这与在理论上对皮尔森残差预期的讨论一致。密苏里州较大的正残差表明，在给定解释变量观测水平的条件下，它比预期有更多的死刑。

根据偏差和安斯库姆两栏，人们可能不会太担心得克萨斯州作为异常值的效应，反而会担心佛罗里达州。这是因为得克萨斯州的例子对参数估计有很大的影响，因此得出 μ_i。而佛罗里达州在很多解释变量上与得克萨斯州是相似的，但是并没有那么多的死刑次数，因此最终与拟合相差甚远。

表 6.3　关于死刑数据分析的泊松模型中的残差

	响　应	皮尔森	工　作	偏　差	安斯库姆
得克萨斯	1.707 554 31	0.287 414 78	0.048 377 52	0.285 158 74	0.282 924 93
弗吉尼亚	0.874 076 87	0.306 710 10	0.107 623 21	0.301 364 52	0.296 290 97
密苏里	4.595 302 99	3.863 956 36	3.248 980 61	2.869 259 16	2.278 548 29
阿肯色	0.264 812 08	0.136 941 08	0.070 815 05	0.135 446 24	0.133 911 71
阿拉巴马	0.959 581 71	0.670 971 52	0.469 162 78	0.627 360 60	0.588 749 67
亚利桑那	0.953 951 98	0.933 751 06	0.913 975 49	0.827 410 22	0.744 256 71
伊利诺伊	0.139 243 15	0.101 971 29	0.074 673 88	0.100 842 30	0.099 639 12
南卡罗来纳	−0.382 271 85	−0.247 521 86	−0.160 271 67	−0.254 782 37	−0.262 355 19
科罗拉多	−0.959 013 29	−0.684 287 04	−0.488 264 35	−0.757 063 23	−0.848 458 27
佛罗里达	−1.822 166 50	−1.085 434 56	−0.646 576 49	−1.252 726 34	−1.495 571 43
印第安那	−2.177 268 83	−1.215 661 95	−0.678 800 01	−1.429 158 40	−1.741 857 35
肯塔基	−2.318 399 36	−1.269 260 54	−0.694 899 94	−1.495 939 05	−1.837 159 98
路易斯安纳	−1.601 603 05	−0.993 599 14	−0.616 407 76	−1.136 200 02	−1.337 387 26
马里兰	0.101 611 19	0.107 096 84	0.112 876 57	0.105 272 42	0.103 414 66
内布拉斯加	0.070 229 62	0.072 619 24	0.075 069 41	0.071 944 51	0.071 078 41
俄克拉荷马	0.499 173 58	0.704 061 63	0.993 040 11	0.620 196 95	0.554 018 28
俄勒冈	−0.905 105 52	−0.654 512 82	−0.473 307 69	−0.721 897 67	−0.805 175 26

普雷吉邦（Pregibon，1981）建议刀切掉（暂时去除以重新分析）案例来看系数值的结果变化。如果改变非常明显，那么我们就知道刀切掉的案例对于系数有很高的影响。我们可以手动去掉这些案例来重新做分析，但是普雷吉邦也提供了一步估计法（1981：713），它对大样本数据有计算上的优势。图 6.1 是对普雷吉邦指数图的一个改进，在构建中，刀切掉那些 X 轴上以数值排列的案例（按表 4.2 中的顺序）之后，死刑的泊松模型中的所有系数都被重新估计。水平线表示完整数据矩阵的系数值。因此，在点和线之间的距离表示在去掉这一案例后系数估计改变的程度。

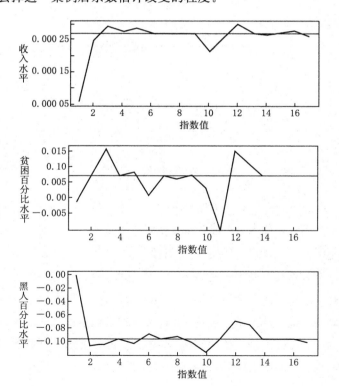

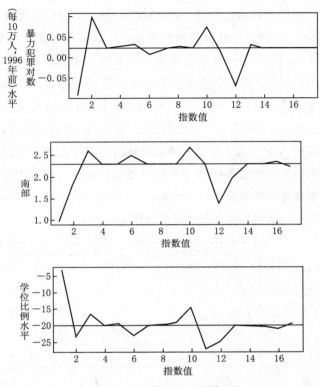

图 6.1　刀切指数图:死刑模型

　　图 6.1 表明得克萨斯确实对系数的估计有很大的影响。指数图对于展示一个或少量案例对结果估计的效应是一个很不错的方法,但是仅限于对相对数量少的案例(不妨试想一下一个有着几千样本量的图 6.1)。在这些情况下,有一种方法是有益的。研究者可以将绝对值为前 5%—10% 的刀切值在画图之前排列出来。接着,如果我们的兴趣集中在一个整体的诊断图而不是个体的案例,指数图就可以展示这些排列好的指数值的平滑函数,而不是在这里做出的个体的点图。

第 2 节 | 测量和比较拟合度

　　有五种方法来评估一种广义线性模型对数据的拟合情况:近似于皮尔森统计值的卡方、总和偏差、赤池信息量准则、施瓦茨准则和图解技术。

　　这些方法中的每一种都是有用的,但是总和偏差似乎是对拟合缺乏的最好的总体性测量,因为它可以提供个体层面对拟合贡献最直观的指示。但是,没有一种测量可以提供"正确的答案",并且,只要有可能,就应该使用多种方法。

　　皮尔森统计值是皮尔森残差的平方和:

$$X^2 = \sum_{i=1}^{n} \mathbf{R}_{\text{Pearson}}^2 = \sum_{i=1}^{n} \left[\frac{\mathbf{Y} - \boldsymbol{\mu}}{\sqrt{\text{VAR}[\boldsymbol{\mu}]}} \right]^2 \qquad [6.4]$$

如果样本量足够大,则有 $X^2/a(\phi) \sim \chi_{n-k}^2$,其中 n 是样本量,k 是包括常数项在内的解释变量的数量。不幸的是,对于相对小的样本量,这一统计值表现很差,因此读者应当谨慎地报告那些 100 以内样本量的估计数值(像例 4.2)。这一分布属性的用途是大的 χ^2 值注定在卡方分布的尾部,因此模型会被当做差的拟合而被"拒绝"。

　　总和偏差在这章已经展现过了,但是还没有作为拟合的测量来讨论。在给定足够的样本量的情况下,$D(\boldsymbol{\theta}, \mathbf{y})/a(\phi) \sim \chi_{n-k}^2$ 也是正确的。但是,对于计数的结果数据(二分,计数),

偏差函数对一个 χ^2_{n-k} 的收敛比皮尔森统计值要慢得多。在任何涉及计数数据的情况下,我们强烈建议对每一个结果变量都在均值的方向上加或者减 1/2。这一连续的矫正可以在很大程度上提升分布结果。但是皮尔斯和谢弗(Pierce & Schafer, 1986)以及皮尔斯(Peers, 1971)提醒我们,尽管皮尔森统计更接近于卡方分布,但是这并不意味着它在测量拟合上一定优于总和偏差。虽然对于离散的结果变量来说,总和偏差问题更多,但是当考虑到基于似然的推论时,它在很大程度上更胜一筹。

完全没有被探讨的第三个选择是利用安斯库姆残差和偏差残差来创建一个新的拟合统计值,也就是简单的安斯库姆残差的平方和。它的优势在于受到来自计数结果变量的负面影响更小。这一提议的逻辑是基于皮尔斯和谢弗的观察:"不管是用偏差还是安斯库姆残差,都只是出于一种习惯和计算上的便利。"(1986:985)

偏差残差也可以用于对一个嵌套模型的设定做出比较。在前面的讨论中,外部的嵌套模型是一个饱和模型,但这不是必须的。假设我们比较两个嵌套模型的设定——M_1 和 M_2,分别有 $p < n$ 和 $q < p$ 个参数。那么似然比统计值是:

$$\frac{D(M_1) - D(M_2)}{a(\psi)}$$

这与 χ^2_{p-q} 的分布接近,尽管还有一些复杂的情况(参看 Fahrmeir & Tutz, 1994;或者 McCullagh & Nelder, 1989)。如果我们不知道 $a(\psi)$ 的值(像在泊松案例中那样),那么就用一个修正的似然比统计值来估计它:

$$\frac{D(M_1) - D(M_2)}{a(\hat{\psi})(p - q)}$$

这一修正的统计值服从 F 分布,有 $n-p$ 和 $p-q$ 个自由度。

一个被普遍使用的拟合测量是赤池信息量准则(AIC)(Akaike,1973,1974,1976)。原则是选择一个模型,使得设定参数数目下的负似然函数值最小:

$$\text{AIC} = -2l(\hat{\boldsymbol{\theta}} \mid \mathbf{y}) + 2p \qquad [6.5]$$

这里,$l(\hat{\boldsymbol{\theta}} \mid \mathbf{y})$ 是一个最大的模型对数似然值,p 是在模型中的解释变量的个数(包括常数项)。这一结构对于比较和选择非嵌套模型的设定非常有用,但是实践者当然不应该只依靠 AIC 准则。很多作者已经注意到 AIC 对于多余参数的过度拟合模型有很强的偏差,因为惩罚成分显然与解释变量数目的增加成线性关系,而似然值的对数增加得更快(Carlington & Louis,1996:49;Neftçi,1982:539;Sawa,1978:1280)。但是,一个重大的收益是,由于考虑到增加一个自由度带来的不利,AIC 明确承认单纯基于对数似然值来确定基本模型质量的决策是不合理的,因为不论它们的推理质量如何,增加更多的解释变量绝不会让似然值减少。

另外一个被普遍使用的拟合测量是由施瓦茨(1978)提出的,叫做施瓦茨准则,也叫贝叶斯信息准则(BIC)。尽管是从一个不同的统计角度导出,但 BIC 与 AIC 在计算上相似:

$$\text{BIC} = -2l(\hat{\boldsymbol{\theta}} \mid \mathbf{y}) + p\log(n) \qquad [6.6]$$

这里,n 是样本量。尽管在视觉的表达上 AIC 和 BIC 相似,但是这两种测量从一组备选中选择最优模型时可能会指示不同的模型设定,AIC 偏好更多的解释变量和更好的拟合,

BIC 偏好更少的解释变量(简约)和差一些的拟合(Koehler &
Murphree,1988:188; Neftçi,1982:537; Sawa,1978:
1280)。因为 BIC 明确地将样本量计算在内,当样本量不同
时,它显然更适合进行模型的比较。同时,相对于一个有较
大样本的可比模型,用小样本即可达到合理的对数似然拟合
的模型受到更小的惩罚。但是,AIC 仅仅是从最大似然和负
熵粗略导出的一个便捷测量(Amemiya,1985:147; Greene,
1997:401; Koehler & Murphree,1988:189),而 BIC 则与贝
叶斯理论紧密联系。比如,当 $n \to \infty$ 时,

$$\frac{(\mathrm{BIC}_a - \mathrm{BIC}_b) - \log B}{\log B} \to 0$$

这里,BIC_a 和 BIC_b 是对于模型设定 a 和 b 的 BIC 值,B 是这
些模型之间的贝叶斯因子。因此,BIC 是计算上更简单的贝
叶斯因子对数的近似值(Kass,1993)。

　　同时,也有其他的模型选择准则以及 AIC 和 BIC 的修正
来进行有用的比较,但是基本的赤池和施瓦茨概念在经验中
占主导。尽管几乎所有这些测量都是渐进等同的(Zhang,
1992),雨宫(Amemiya,1980)提供的模拟证据表明对于小样
本数据而言,BIC 能比 AIC 找到更多正确的模型。但是,内
夫茨的研究(Neftçi,1982)发现,BIC 在数据转换上比 AIC 明
显更敏感。

　　因为这些测量仅仅是评估模型质量的一部分,并且它们
也没有显著优越的特性,所以选择用哪一个主要是个人的偏
好。雨宫表示他喜欢用 AIC 是因为它简单(1981:1505),并
且统计软件也给出了 AIC 作为默认的测量。

第 3 节 ｜ 渐进性

　　为方便起见，现在简单地回顾一些广义线性模型估计值（系数、统计值拟合和残差）的渐进属性。系数产生于数学技巧（迭代加权最小二乘法），不是分析方法的最大似然估计。这就意味着发展出最大似然估计的广泛理论基础适用于这一情况，而这一部分我们会研究在哪些原则下这些条件有效。我也会继续讨论这两个主要检验统计量的渐进卡方分布，并回顾一些广义线性模型拟合中残差的大样本属性。

　　第 5 章介绍了海赛矩阵，它是在最大似然值 $\hat{\boldsymbol{\theta}}$ 上似然函数的二阶导数。这一矩阵负的期望值是：

$$I(\boldsymbol{\theta}) = -E_\theta\left(\frac{\partial^2}{\partial\boldsymbol{\theta}\partial\boldsymbol{\theta}^t}l(\boldsymbol{\theta}^{(j)} \mid \mathbf{y})\right)$$

它叫做信息矩阵（information matrix），它在评估估计值的渐进性上发挥着重要的作用。对于一个给定的方阵，一个有用并且理论上很重要的特征是一组与这一矩阵相关的特征值。每一个 $p \times p$ 矩阵 $\mathbf{A}$，有 p 个标量值 λ_i，$i=1, \cdots, p$，h_i 对于一些相应的向量，$\mathbf{A}h_i = \lambda_i h_i$。在这一分解中，$\lambda_i$ 叫做 $\mathbf{A}$ 的特征值，h_i 叫做 $\mathbf{A}$ 的特征向量。这些特征值展现了矩阵的重要结构特征。比如，非零特征值是 $\mathbf{A}$ 的秩，特征值的总和是 $\mathbf{A}$ 的迹，特征值相乘的结果是 $\mathbf{A}$ 的行列式。

信息矩阵很容易做出来，因为它是对称的，并且除非有很严重的计算问题，它也是正定的。广义线性模型建立在指数族基础之上，自然连接函数在非常合理的正则条件下产生正定信息矩阵：

　　　　1. 对于系数向量的样本空间在 R^k 上是开放的，并且对于 k 个解释变量是外凸的。
　　　　2. 由连接函数转化的线性预测值在结果变量的样本空间上被定义。
　　　　3. 连接函数可二次微分。
　　　　4. $X'X$ 矩阵是满秩的。

这些条件在法尔迈和考夫曼（Fahrmeir & Kaufman，1985）、莱曼和卡塞拉（Lehmann & Casella，1988）以及勒卡姆和扬（Le Cam & Yang，1990）的论著中进行了详细的分析。给定前述的正则条件，如果系数估计中的微小改变在标准信息矩阵中的任何一个方向产生随意的微小变化，并且信息矩阵中最小的绝对特征值产生渐进离散：$\lambda_{\min} I(\mathbf{\theta}) \xrightarrow[n \to \infty]{} \infty$，那么系数估计值：(1)存在；(2)对真实值概率性收敛；(3)是渐进正态的，其协方差矩阵等于信息矩阵的逆函数。总结起来表达就是 $\sqrt{n}(\hat{\theta} - \theta) \xrightarrow{\mathscr{P}} n(0, I(\mathbf{\theta})^{-1})$。偏差的条件在刚开始时显得奇怪，但是要记得信息矩阵是在方差的分母表达式中发挥作用。这里仅仅泛泛地提了这些条件，欲知详情，读者可以参考法尔迈和图茨的著作（Fahrmeir & Tutz，1994：附录 A2）。

可以看到,这些模型中的最大似然估计即使在比上一段落要求更有挑战性的环境中,表现也会不错。这些应用包括:群组单位(Bradley & Gart,1962;Zeger & Karim,1991)、非独立同分布(Nordberg,1980;Jøgensen,1983)、稀疏表(Brown & Fuchs,1983)、广义自回归线性模型(Kaufman,1987)和混合模型(McGilchrist,1994)。给定大样本,在典型甚至更有挑战性的环境下也容易得到相对满意的结果。如果没有什么优势,什么能够让我们检验渐进条件?

主要的诊断建议是从信息矩阵中检查最小的绝对特征值,这一步也可以在特征分析之前标准化,从而去除解释变量的标度。一些统计软件包可以相对容易地评估这一数值(Splus,R,Gauss,LIMDEP)。对于提供方差—协方差矩阵的任何软件包,都有一个捷径。如果 λ_i 是矩阵 $\mathbf{A}$ 的特征值,那么只要 $1/\lambda_i$ 存在(非奇异),那它就是矩阵 $\mathbf{A}^{-1}$ 的一个特征值。因此我们可以评估方差—协方差矩阵最大特征值的倒数,而不是信息矩阵的最小特征值。

最好是 $\lambda_{\min}$ 没有一个二位数的负指数成分,但是由于数量是依赖尺度的,所以通常首先要标准化信息矩阵。当不方便(或者不可能)评估信息矩阵的特征结构时,其他的迹象可能会有帮助。如果至少有一个系数有一个非常大的标准差,就可能意味着它是一个非常小的最小特征值。这是一个方便但并不完美的方法。

在上一部分中,我们讨论了总和偏差和皮尔森统计这两个重要检验统计的渐进性。在理想情况下,它们都收敛于分布 χ^2_{n-k}。这两者中,皮尔森统计有更优越的卡方近似值,因为它由接近于标准项和它们的平方组成。皮尔斯和谢弗

(Pierce & Schafer，1986)用一个 $n=20$ 和 $m=10$ 的二项式模型展示了这两个统计值表现的显著差别。这里的建议是对于任何样本量小于此的情况，永远不要仅仅依靠这些测量的渐进收敛。但是，社会科学研究者往往不能选择样本量，因而也值得花力气计算这些值。

检验残差的分布属性对于诊断是有帮助的。除了建构检验统计，残差本身通常会提供重要的信息。虽然广义线性模型的残差不要求是以零为中心渐进正态的，但是系统的分布模式可以是设定或者测量错误的一个标志。到目前为止，评估残差的最好方法是用不同的方式图像化。在下面的例子中就展现了不同的方法。

例 6.2：死刑的泊松广义线性模型（续）。简单地回到表 5.1，我们看到对于一个设定的模型，有 10 个自由度，偏差函数是 18.212，比有着零偏差的 136.573（结果来自一个由均值来解释所有系统效应的模型）有显著的提高。总和偏差的卡方检验发现尾部不是预定义的 0.05 alpha 水平，暗示一个合理的总体拟合。总体来讲，拟合的一个快速检验是看是否总和偏差显著大于自由度。现在我们建议应用安斯库姆残差平方和的方法。运行安斯库姆残差的结果在表 6.3 中是 18.482，这与总和偏差有着近似的相同值。

例 6.3：苏格兰选举政治的伽马广义线性模型（续）。因为结果变量本身的测量单位和效应的变化幅度相对较低，评估苏格兰选举模型的拟合质量比其他的例子更微妙一些。事实上，如果一个人想要不依赖任何解释值，那么用均值来总结结果变量仅仅会提供一个吸引人的较低的零偏差值 0.536 072。但是，我们的兴趣在于针对某些特殊因子引起结果变量改变的模型创建。在这里为了达到这一目的,模型产生的总和偏差是 0.087 389,在比例上是一个好的约化。另外,信息矩阵的最小特征值是 0.756 470 9。

在前面这个模型的描述中,曾经说明议会税收和女性失业之间的交互项在描述结果变量的表现时是有用的。支持这一论断的一些证据表明 95％ 的置信区间内包括的系数远离零。在进行了偏差的分析之后,如何增强模型整体的质量就变得更加明显。在表 6.4 中,这些项被按顺序得加到模型中,因此得到总和偏差,交互项放在最后。

表 6.4　对苏格兰投票模型的偏差分析

	个体变量		统计值总结			
	自由度	偏差残差	自由度	偏差残差	F 值	$P(>F)$
零模型			31	0.536 07		
议会税	1	0.232 27	30	0.303 80	64.803 7	0.000 0···
女性失业率	1	0.119 49	29	0.184 31	33.339 4	0.000 0···
标准化死亡率	1	0.027 46	28	0.156 85	7.662 5	0.010 6
从事经济活动人口	1	0.022 98	27	0.133 87	6.410 9	0.018 3
GDP	1	0.000 52	26	0.133 35	0.143 5	0.708 1
5—15 岁人口	1	0.007 32	25	0.126 03	2.043 8	0.165 7
议会税:女性失业率	1	0.038 64	24	0.087 39	10.780 6	0.003 1

不幸的是,这一偏差的分析总是依赖顺序的,因此来自增加的指定变量的偏差残差是在前面增加的变量条件下报告出来的。不考虑这一性质,我们可以评估交互项是否对这一拟合有合理的贡献。它被放在结果的最后,因此无论我们得到怎样的结论,这一项的值都取决于模型中其他的项。根据第二列和第四列,我们可以看到交互项的边际贡献不小。更重要的是,我们可以用之前描述的 F 检验来检验变量对

模型拟合贡献的假设（因为离散参数 $a(\psi)$ 曾被估计）。对于一个表格中有 k 行和 p_k 个自由度的模型嵌套于一个有 $k-1$ 行和 p_{k-1} 个（必定会更大）自由度的模型中，这一检验统计值的计算是：

$$f_{k,\,k-1} = \frac{D(M_{k-1}) - D(M_k)}{a(\hat{\psi})(p_{k-1} - p_k)}$$

因此，表 6.4 最后一行的 F 检验的计算是：

$$f_{9,\,8} = \frac{0.126\,03 - 0.087\,39}{(0.003\,584\,182)(25 - 24)} = 10.780\,6$$

这是模型中应该包括交互项的强有力证据（注意表 6.4 中最后一列的 p 值）。另外，我们已经看到确定的证据关于 GDP 在模型中不是特别可信或者重要。有趣的是，指示 5—15 岁儿童的百分比似乎对总和偏差的约化并没有贡献太大，尽管它有一个远离零的 95% 置信区间。

例 6.4：教育标准测试的二项广义线性模型。对教育过程进行测量和建模是一个特别困难的实证任务。加之，我们不单单对描述现行的教育机构和政策感兴趣，我们需要解释什么政策是可行的，原因又是什么。即便是定义一个项目的成功与否都非易事，而在这一领域内的学者们唯一达成的共识就是我们现在的理解最多是初级阶段的（Boyd, 1998）。

在这个问题上有两个主要的学术流派。经济学家（Hanushek, 1981, 1986, 1994；Boyd & Hartman, 1998；Becker & Baumol, 1996）大体上关注生产函数中的参数设定（这一过程的系统模型是用可定义和可测量的投入构建一个函数来评估产出）。相反，教育学的学者（Hedges, Laine & Greenwald, 1994；Wirt & Kirst, 1975）倾向于更定性的评估，寻找跨案例和时间的宏观趋势以及法律和政策改变的含义。两种方法的证据富有争议，比如测定减少班级规模的边际效应，因此两种方法往往会得出相左的结论。

这个例子要研究现在加利福尼亚州教育政策和结果方面的数据（1998年STAR项目的结果）。数据来源于加利福尼亚教育部（CDE）的标准测试，是对二年级到十一年级的学生在各个学科进行9年级的标准测试。这些数据在个人层面记录，同时在从学校到整个州的各层面上进行整合。[12]这里的分析层面是统一的学区，共有303个案例。结果变量是在给定所有参加数学考试的九年级学生中，在学区内成绩超过国家考试中位数的九年级学生的人数（因此是二项GLM）。

解释变量分为两个功能组。第一组是环境因素，包括四个传统使用于文献的变量，它们对学习的结果变量有经典的强大解释力。低收入学生的比例（LOWINC）由符合享受减免午餐计划的学生比例来测量。少数民族学生的比例也被包括其中（PERASIAN，PERBLACK，PERHISP）。贫困一直被认为强烈影响着教育结果。种族变量的重要性在于经济因素和歧视负面地并且不成比例地在教育结果上影响特定的族群。

第二组是政策因素，包括六个解释变量。它们是：以千元为单位的每一个小学生的花费（PERSPEN）、以千元计的教师收入的中位数（包括福利）（AVSAL）、教师工作经验的平均年数（AVYRSEX）、教室中的学生—教师比例（PTRATIO）、少数民族教师的比例（PERMINTE）、选修大学学分课程的学生比例（PCTAF）、学区中特许学校的比例（PCTCHRT），以及学区中有全年学习项目的学校比例（PCTYRRND）。

模型由一个logit连接函数设定：

$$g(\mu) = \log\left(\frac{\mu}{1-\mu}\right)$$

在 probit 和 cloglog 连接函数中得出的结果几乎一样。除了列出来的变量，一些交互项也被加到了模型中。在表 6.5 中列出了结果。

20 个包括在模型中的解释变量的 95％置信区间都不包括零（不是指截距）。事实上，即使表 6.5 用 99.9％的区间而不是 95％的区间，那么每一个区间仍然都会不包括零。不出所料，环境变量是教育结果的可靠指标。增加少数民族教师的比例似乎可以提高学习成绩。这与文献的结果一致，也就是说少数民族的学生会得到少数民族教师的大力帮助，而对非少数民族的学生不会有负影响（Meier，Stewart & England，1991；Murnane，1975）。

学生—老师比例系数是负值而且数值很大，这支持现有公共政策（尤其是在加利福尼亚州）缩小班级规模的努力。当然，这是有代价的。由于老师的经验变量系数为正且值较大，导致很多新的没有经验的老师至少有一个短期的负效应。另外，少数民族教师和教学经验年数的交互项的系数为负，意味着经验丰富的教师更多的是非少数民族。因此，雇用新的少数民族教师的正效应可能会被他们短期的经验不足而轻微减弱。

如果没有任何背景知识，学区中全年制学校比例这一变量的系数符号确实令人费解。对全年制学校的一个普遍论点是，学生在夏天长期不在课室就意味着他们要在上学的时间内赶功课并记住之前学的课程。但是，全年制学校又分两种：单轨制下的学生都有相同的进度，多轨制下的学生共享课

表 6.5　标准测试结果的模型

	系　数	标准差	95%置信区间
(截距)	2.958 886 62	1.546 540 73	[−0.072 277 51; 5.990 050 75]
LOWINC	−0.016 815 04	0.000 433 94	[−0.017 665 54; −0.015 964 54]
PERASIAN	0.009 925 47	0.000 601 35	[0.008 746 85; 0.011 104 09]
PERBLACK	−0.018 724 22	0.000 743 53	[−0.020 181 52; −0.017 266 93]
PERHISP	−0.014 238 56	0.000 433 85	[−0.015 088 90; −0.013 388 22]
PERMINTE	0.254 487 79	0.029 944 63	[0.195 797 38; 0.313 178 19]
AVYRSEXP	0.240 694 70	0.057 137 26	[0.128 707 73; 0.352 681 67]
AVSAL	0.000 080 41	0.000 013 92	[0.000 053 12; 0.000 107 70]
PERSPEN	−0.001 952 17	0.000 316 77	[−0.002 573 02; −0.001 331 31]
PTRATIO	−0.334 087 55	0.061 256 20	[−0.454 147 50; −0.214 027 60]
PCTAF	−0.169 022 41	0.032 695 71	[−0.233 104 82; −0.104 940 00]
PCTCHRT	0.004 916 71	0.001 253 87	[0.002 459 17; 0.007 374 25]
PCTYRND	−0.003 579 97	0.000 225 46	[−0.004 021 86; −0.003 138 07]
PERMINTE.AVYRSEXP	−0.014 076 60	0.001 904 51	[−0.017 809 37; −0.010 343 83]
PERMINTE.AVYAL	−0.000 004 01	0.000 000 47	[−0.000 004 93; −0.000 003 08]
AVYRSEXP.AVSAL	−0.000 003 91	0.000 003 91	[−0.000 005 79; −0.000 002 02]
PERSPEN.PTRATIO	0.000 091 71	0.000 014 51	[0.000 063 28; 0.000 120 15]
PERSPEN.PCTAF	0.000 048 99	0.000 007 45	[0.000 034 39; 0.000 063 59]
PTRATIO.PCTAF	0.008 040 75	0.001 499 24	[0.005 102 28; 0.010 979 22]
PERMINTE.AVYRSEXP.AVSAL	0.000 000 22	0.000 000 03	[0.000 000 16; 0.000 000 28]
PERSPEN.PTRATIO.PCTAF	−0.000 002 25	0.000 000 35	[−0.000 002 93; −0.000 001 57]

零偏离:34 345, $df = 302$
总偏离:4 078.8, $df=282$

最大化( )：−2 999.6
AIC:6 039.2

室和其他资源,但是轮流学期与假期安排。有证据表明,由
于各种社会原因,多轨制学校的表现比单轨制和传统学制安
排的学校明显更差(Weaver,1992;Quinlan,1987)。

　　一般来说,理解广义线性模型交互项的最好方法是用一
阶差分。一阶差分的原则是选取一个给定解释变量的两个
兴趣水平,计算对结果变量影响的不同,与此同时,保持其他
所有的变量为常量,一般设为均值。因此,要看一个一阶差
分表中的关注变量,观察到的差分包括主效应以及包括关注
变量的所有交互效应。

　　表 6.6 展示了两个模型中每一个主效应变量在四分位间
距及全间距内的一阶差分。举例来讲,低收入学生比例的四
分位间距是 26.68％—55.46％,这一解释变量在此间距的一
阶差分是－11.89％。换句话说,在第三个四分位的学区比在
第一个四分位的学区表现差 12％。

表 6.6　标准测试模型的一阶差分

主效应	四分位间距		全间距	
	值	一阶差分	值	一阶差分
低收入比例	[26.68;55.46]	−0.118 9	[0.00;92.33]	−0.362 0
亚洲人比例	[0.88;7.19]	0.015 4	[0.00;63.20]	0.155 5
黑人比例	[0.85;5.96]	−0.023 7	[0.00;76.88]	−0.295 5
拉美人比例	[13.92;47.62]	−0.118 4	[2.25;98.82]	−0.315 5
少数民族教师比例	[6.33;19.18]	0.014 4	[0.00;80.17]	0.090 7
平均教学年数	[13.03;15.51]	−0.002 4	[8.42;20.55]	−0.011 7
平均工资	[55.32;62.21]	0.021 0	[39.73;80.57]	0.124 3
每个学生花费	[3.94;4.51]	0.008 0	[2.91;6.91]	0.055 9
班级规模	[21.15;24.12]	0.004 2	[14.32;28.21]	0.019 7
大学课程比例	[23.45;41.80]	0.022 4	[0.00;89.13]	0.109 3
特许比例	[0.00;0.00]	0.000 0	[0.00;71.43]	0.087 5
全年制比例	[0.00;12.31]	−0.010 9	[0.00;100.00]	−0.086 3

注:粗体系数名意指 95％置信区间不包括 0。

　　表 6.5 中的一阶差分有一些难以理解的结果。比如,每个学生花费的系数在表 6.5 中是负的(－1.952 17,以美元为单位)。这是在所有其他交互变量设定为 0 这种无意义的情形时,这一变量的解释值。如果效应量在估计表和一阶差分结果之间存在较大差异,那就意味着交互项主导着零效应边际。模型中每个学生花费的一阶差分,从第一个四分位到第三个四分位,将预计及格率提高了大约 1%,而跨越整个学生花费的间距可以将预计及格率差不多提高到 6%。

　　至关重要的是总和偏差在 282 个自由度的情况下为 4 078.8(校正偏差是 4 054.928)。很明显,它在卡方分布的尾部(不需要正式的检验),并且文献中任何的平滑技术都不会有效应。首先应该注意的是,与零模型相比,偏差已经被减少了大约 90%。与此同时,系数估计的高质量和信息矩阵中最小的特征值(0.417 3)激发我们进一步研究这一拟合是否可以被接受。

　　图 6.2 提供了三种有用的诊断方法来看设定的模型拟合质量。第一个面板提供了一个拟合值 $g^{-1}(\mathbf{X\beta})$ 与观测结果变量值 $\mathbf{Y}$ 的对比。这一面板中的对角线是拟合值在这些观测值上的线性回归线。如果这是一个饱和模型,那么所有的点都会落在线上。因此一个模型与饱和模型差别的基准就是这些点偏离这条线的程度。如果在拟合中存在系统性的偏差(比如来自缺失变量),那么斜率会远远偏离于 1。比如,斜率明显小于 1 就意味着模型系统性地在更大的观察值上拟合不足而在更小的观察值上拟合过度。在图 6.2 中,线性回归产生的截距和斜率($\alpha=-0.004\ 961\ 283$ 和 $\beta=0.989\ 823\ 091$)非常接近于完美的理想拟合。

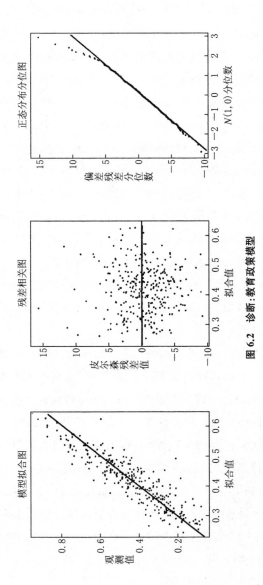

图 6.2 诊断：教育政策模型

　　图 6.2 的第二个面板展示的是一个残差相关图。它们是拟合值 $g^{-1}(\mathbf{X}_i\hat{\boldsymbol{\beta}})$ 相对于皮尔森残差的点图。在残差相关图中,任何可辨别的趋势或者曲度都暗示着在随机项中包含的系统效应对于连接函数要么不是一个好的选择,要么就是一个测量非常差的变量。这幅点图展示了一个很合理的残差结构。

　　图 6.2 的最后一个面板画出了偏差残差分位数(Y 轴),它们相对于来自均值为 0、标准差为 1、数量相等、按顺序排列的正态变量的分位数。这一正态分布分位图的目的是得出偏差残差是否接近于正态分布。如果想要画出相对于 $N(0,1)$ 标准的完美正态分布残差,点图将会接近于一条直线,其斜率等于正态变量的均值。

　　对于这里产生的模型,证据表明偏差残差近似于正态分布。我们再一次在尾部看到一些离群值,但是数量不多,表现也没那么差。残差分布极度偏离正态的标志是它在正态分布分位图中呈现出一个“S”形曲线。需要再一次注意的是,广义线性模型不要求有正态分布的残差。因此,正态分位图的线性分布在这里不是模型质量的条件,只是残差表现的一个有益描述。

　　这里的残差分析表明,受缺失变量偏误影响的随机成分或者连接函数设定错误,都不太会影响模型的表现。总和偏差可能会因为加入一个解释变量而明显减少,这个变量就是被许多研究者指出对教育产出函数有决定性作用的家长介入,可以由 PTA 活动的水平来测量。不幸的是,加利福尼亚州的这些数据没有追踪和测量这一变量。

　　例 6.5:负二项广义线性模型(国会活动,1995 年)。作为应用负二项广义线性模型的一个例子，可以考虑众议院在一次选举后前 100 天内的会议上给委员们的议案分配。这个时间段通常很忙，因为国会将选举事宜当作随后的立法授权（尽管不一定有成功或者预期成功的结果）。前 100 天的第 104 次议院会议对此当然也不例外。新共和党的大多数人忙着处理 40 年来少数党的挫败并试图履行他们在"美利坚契约"中的诺言。

负二项分布与泊松分布有一样的样本空间（也就是计数测量），但是包括一个可以看做伽马分布的附加参数，用来建立一个方差函数。这一组合——泊松分布的均值和伽马分布的方差，自然产生一个负二项 PMF。在这种情况下，计数建模可以放宽对均值和方差相等的假设。这对分布过度离散的计数数据尤为有用：$VAR[Y] = \delta E[Y]$，$\delta \gg 1$。当样本有明显的异质性时，就会导致过度离散。

这个例子中的数据包括在前 100 天的第 103 次和第 104 次议会中分配给委员会的议案数量、委员会成员的数量、下属委员会的数量、分配给委员会的工作人员数量和一个虚拟变量，用来测量一个委员会是否具备好的名誉。这些数据由表 6.7 提供。

如果把第 104 次会议上的议案分配看成一系列的事件（在议会层面），那么很自然地会考虑应用一个有泊松连接函数的广义线性模型。不幸的是，这一模型由一些已经讨论过的诊断方法断定其拟合较差（总和偏差是在 14 个自由度上的 393.43）。起因似乎是一个方差项比预期值要大，违反了泊松假设，因此在此要用负二项的设定。

表 6.7 委员会议案分配(前 100 天)

委员会	规 模	下属委员会	工作人员	名誉	议案—第 103 次	议案—第 104 次
拨 款	58	13	109	1	9	6
预 算	42	0	39	1	101	23
规 则	13	2	25	1	54	44
方法和途径	39	5	23	1	542	355
银行业务	51	5	61	0	101	125
经济—教育机会	43	5	69	0	158	131
商 业	49	4	79	0	196	271
国际关系	44	3	68	0	40	63
政府改革	51	7	99	0	72	149
司法制度	35	5	56	0	168	253
农 业	49	5	46	0	60	81
国家安全	55	7	48	0	75	89
资 源	44	5	58	0	98	142
交通—基础建设	61	6	74	0	69	155
科 学	50	4	58	0	25	27
小企业	43	4	29	0	9	8
退伍军人事宜	33	3	36	0	41	28
议会监管	12	0	24	0	233	68
行为准则	10	0	9	0	0	1
情 报	16	2	24	0	2	4

资料来源:Congressional Index, Congressional Register。

负二项模型的连接函数为 $\theta = \log(1-\mu)$。很多统计软件可以为方差函数设定一个已知值或者估计这一值。由于我们对于方差函数的属性没有先验信息,我们在这里估计这一值。结果呈现在表 6.8 中。

从表 6.8 中我们可以看到模型提供了一个很合理的拟合。总和偏差项在 13 个自由度上不在卡方分布的尾部,并且信息矩阵中最小的特征值是 0.136 622 6。离散参数可以

被估计为 $a(\phi) = 1.494\,362$，意味着我们用负二项的设定来
处理这些计数是合理的。

表 6.8   议案分配模型(第 104 次议会,前 100 天)

	系数	标准差	95%置信区间
(截距)	−6.805 43	2.546 51	[−12.306 83；−1.304 02]
规模	−0.028 25	0.020 93	[−0.073 45； 0.016 96]
下属委员会	1.301 59	0.543 70	[0.127 01； 2.476 19]
log(工作人员)	3.009 71	0.794 50	[1.293 29； 4.726 13]
名誉	−0.323 67	0.441 02	[−1.276 44； 0.629 11]
第 103 次议会的议案	0.006 56	0.001 39	[0.003 55； 0.009 57]
下属委员会：log(工作人员)	−0.323 64	0.124 89	[−0.593 45；−0.053 84]
零偏离:107.314, $df=19$		最大化 $l(\ )$:10 559	
总偏离:20.948, $df=13$		AIC:121 130	

名声变量和委员会规模变量的系数都在 95%置信区间
内包括 0。因此,给定这些数据和构建的模型,没有证据表明
它们是分配议案的重要决定因素。这一结果很有意思,因为
一些人们会假定,议会中的委员会规模越大其活动就越多。
但是,委员会的规模也会受到 40 年民主政策优先权的影响。
其他衡量委员会规模和资源的是它的工作人员和它的下属
委员会的数量。对应的系数都在 95%置信区间内不包括 0。
可以预测的是,这些变量的交互项在 95%置信区间内也不包
括 0。

不出所料,在第 103 次议会中表明委员会数量的变量系
数也是可靠的。这似乎告诉我们,政党控制和议程的改变不
会对议会的前 100 天在委员会中分配议案有太多影响。换
句话说,不论领导层的政策优先与否,都有相同性质并且一

定量的工作需要执行。

图 6.3 显示了另一种看模型残差的方法。这里,皮尔森残差以点的形式展示,偏差残差由垂直线的长度来展示。这些残差量都按结果变量的顺序排列。因此,如果随机项中有一些意想不到的系统效应,我们会期望看到一些趋势。很明显这里没有。水平带是皮尔森残差标准差在正负方向上的一倍和两倍值,可以用来看远离中心的点。

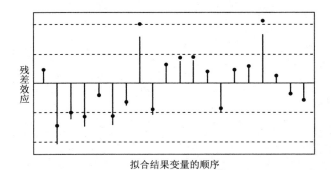

图 6.3 残差诊断:议案分配模型

例 6.6:两阶段广义线性模型(世界铜市场,1951—1975年)。一个常见的管理经济上的问题是对给定的高质量数据估计一个供求函数的模型。一个普遍的应用是用线性回归模型寻找影响市场价格和数量的解释效应,弹性可以在选定的点算出来。中心问题是内生性:价格影响需求,需求影响价格。经典的解决办法是执行一个两阶段过程,价格的内生性变量对一些外生变量进行回归来产生一个预测的价格向量,然后这一价格向量被用做解释变量中的一个来进行对结果变量数量的回归。如果第一阶段的模型有一个或者更多的解释变量不包括在第二阶段,那么模型就是完全可定义的。如果在这过程中所应用的回归技巧是标准线性模型,那么它就叫做两阶段最小二乘法(2SLS)。

表 6.9　世界铜市场(1951—1975 年)

年份	全球铜消费量	铜价	铝价	收入指数	总量变化
1951	3 173.00	26.56	19.76	0.70	0.976 79
1952	3 281.10	27.31	20.78	0.71	1.039 37
1953	3 135.70	32.95	22.55	0.72	1.051 53
1954	3 359.10	33.90	23.06	0.70	0.973 12
1955	3 755.10	42.70	24.93	0.74	1.023 49
1956	3 875.90	46.11	26.50	0.74	1.041 35
1957	3 905.70	31.70	27.24	0.74	0.976 86
1958	3 957.60	27.23	26.21	0.72	0.980 69
1959	4 279.10	32.89	26.09	0.75	1.028 88
1960	4 627.90	33.78	27.40	0.77	1.033 92
1961	4 910.20	31.66	26.94	0.76	0.979 22
1962	4 908.40	32.28	25.18	0.79	0.996 79
1963	5 327.90	32.38	23.94	0.83	0.966 30
1964	5 878.40	33.75	25.07	0.85	1.029 15
1965	6 075.20	36.25	25.37	0.89	1.079 50
1966	6 312.70	36.24	24.55	0.93	1.050 73
1967	6 056.80	38.23	24.98	0.95	1.027 88
1968	6 375.90	40.83	24.96	0.99	1.027 99
1969	6 974.30	44.62	25.52	1.00	0.991 51
1970	7 101.60	52.27	26.01	1.00	1.001 91
1971	7 071.70	45.16	25.46	1.02	0.956 44
1972	7 754.80	42.50	22.17	1.07	0.969 47
1973	8 480.30	43.70	18.56	1.12	0.982 20
1974	8 105.20	47.88	21.32	1.10	1.007 93
1975	7 157.20	36.33	22.75	1.07	0.938 10
TME	QTY	PRI	INC	ALM	INV

资料来源:Maurice & Smithson,1985。

　　这一两阶段估计过程可以应用于广义线性模型。在这个过程中就是简单地插入一个在回归阶段未定义的连接函数。

作为一个例子,考虑一个在 1951—1975 年间世界铜需求的模型。莫里斯和史密森(Maurice & Smithson,1985)作出一个 2SLS 的模型,使用以 1 000 公吨为单位的世界铜消费量(QTY)、定值美元调节的铜价(PRI)和铝价(ALM,在很多工业环境下作为取代)、以 1970 年为基准的人均收入指数(INC)以及制造业存货年变化(INV)。作者试图观察这段时期里制造业的技术提高,从而使用一个简单的整数时间指数 1—25(TME)作为一个附加的解释变量。表 6.9 提供了这些数据。

第一个模型提供了预测的铜价,它是作为实际收入、铝价、铜存量和代替技术改变的时间变量的函数。第二个模型给出了预测的产量,它是作为预测价格、实际收入和铝价的函数。这个模型可定义是因为时间和存量被排除在第二解读之外。2SLS 模型可以总结为:

第 1 阶段:预测(PRI) $= 1\beta_{10} + INC\beta_{11}$
$$+ ALM\beta_{12} + INV\beta_{13} + TME\beta_{14}$$

第 2 阶段: $E[QTY] = 1\beta_{20} + 预测(PRI)\beta_{21} + INC\beta_{22}$
$$+ ALM\beta_{23}$$

从这一设定,莫里斯和史密森得到了一个有用的线性模型来估计以这些外生性变量为条件的需求函数。但是,用时间变量测量在制造业过程中技术的提高和改变存在一个问题。有证据表明,这些年的改变不是线性的,而且最大的创新发生在早期。在已有的 2SLS 模型中,莫里斯和史密森用整数刻度强加了一个严格的线性条件。一个明显的设定是完全去掉时间—技术变量,或者逻辑性地进行转换。不幸的是,如果用标准线性模型,这些技巧将导致对这些数据的拟合明显变差。

结果变量的柱状图暗示了强烈的右偏分布，这意味着线性模型可能不是最好的选择。另外，在最后的产出值上有一个轻微的下滑，意味着线性模型的非连续性。我们没有用两阶段最小二乘线性模型，而是用 $\theta = -1/\mu$ 的两阶段伽马 GLM，用下面的设定来建构：

第 1 阶段：预测（PRI）$= g^{-1}[1\beta_{10} + \mathrm{INC}\beta_{11} + \mathrm{ALM}\beta_{12}$
$$+ \mathrm{INV}\beta_{13} + \log(\mathrm{TME})\beta_{14}]$$

第 2 阶段：$E[\mathrm{QTY}] = g^{-1}[1\beta_{20} + 预测（PRI）\beta_{21}$
$$+ \mathrm{INC}\beta_{22} + \mathrm{ALM}\beta_{23}]$$

这里，$g^{-1}(\mathbf{X\beta})$ 是伽马连接函数。这一模型设定产生了表 6.10 的结果。

表 6.10　世界铜市场建模（1951—1975 年）

	系　数	标准差	95％置信区间
（截距）	0.000 805 58	0.000 065 66	［　0.000 669 04；　0.000 942 12］
预测（PRI）	0.000 004 49	0.000 001 62	［　0.000 001 11；　0.000 007 86］
INC	$-0.000\,586\,89$	0.000 069 05	［$-0.000\,730\,49$；$-0.000\,443\,29$］
ALM	$-0.000\,010\,82$	0.000 002 34	［$-0.000\,015\,68$；$-0.000\,005\,96$］

零偏离：$2.367\,35$，$df = 24$　　　　　最大化 $l(\ )$：-185.755
总偏离：$0.142\,90$，$df = 21$　　　　　AIC：379.51

模型中产生的每一项的 95％置信区间都不包括 0。对于 21 个自由度，总和偏差远不在卡方分布的尾部。正态信息矩阵的最小特征值是 $-0.001\,5$。总体来说，这个模型似乎对数据拟合得很好。虽然我们对这个模型相对满意，但是检查一些诊断，像残差的表现，仍然是明智的选择。图 6.4 给出了这些诊断。残差项内没有拟合不好的系统因素。

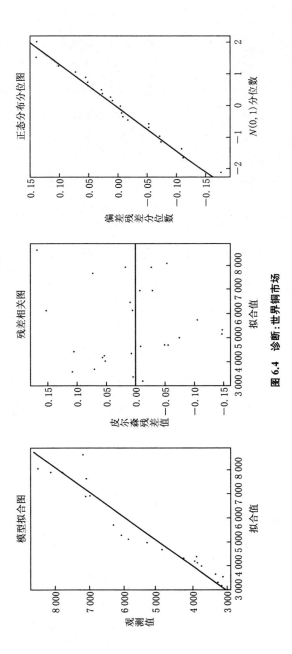

图 6.4　诊断:世界铜市场

　　最初，价格的系数符号让人觉得不可思议，因为正值意味着越高的价格会有越多的需求，这与正常商品的基本理论是背道而驰的（2SLS 模型中的符号位为负）。但是，如果我们记得连接函数必然会作用于线性期望值，这就显得合理了。比如，我们可以用第一和第三四分位建构价格的一阶差分（因此四分位间距括在括号内），保持其他两个变量在它们的均值上恒定。这就得出：对于 $-1\,039.287$ 的一阶差分，$E[\mathrm{QTY}_{Q1}]=5\,566.772$，$E[\mathrm{QTY}_{Q3}]=4\,527.485$。因此当价格从第 25 个百分位移动到第 75 个百分位时，世界上对铜的需求预期会减少超过 100 万（$1\,039\,287$）公吨。

第 **7** 章

结　论

第 1 节 ▏ 总结

　　我们先从第 1 章开始概括地介绍了广义线性模型的语言和设定。之后的第 2 章是一些经典的数学统计理论。这里，我们看到最常用的 PDF 和 PMF 可以表示为单一的指数族形式。其优势在于确定和突出特定的结构成分，如 $b(\theta)$ 和 $a(\psi)$。应用指数族形式的似然理论和矩计算在第 3 章中进行了详细介绍。这些部分非常重要，甚至可以写成好几本书（事实上确实有）。我们在这里关注计算一阶矩、二阶矩和方差函数。接下来是这本专著最重要的章节。第 4 章从有区间测量和正态分布假设的标准线性设定连接到广义划分的结果变量形式。连接函数是广义线性模型理论的核心，因为它允许在高斯-马尔科夫假设之外的一般化。第 5 章讨论了关于得出广义线性模型估计值的重要统计计算问题，用例子解释并展示了基本的迭代加权最小二乘法。第 6 章包含了读者对广义线性模型最为关注的部分：指定的模型是否对数据拟合得好？我们这里进行了残差分析和一些常用的检验。

　　专著的后半部分着重于观察数据。除了教育的检验问题之外（$n = 303$），每一个例子都有原始数据，并且所有的例子都包括图像的展示来强调数据或者模型的各种特征。研究者的一个准则是应该在应用各种参数之前花些时间看数据，并且不要过度强调总结。另外，这些例子是真实的，是原始的数据分析问题，而不单是为了方便说明的杜撰。常见的是，一些课本用设计好的简单数据解释一些数据分析过程，而与读者在自己工作中面临的问题大相径庭。这种断裂在实际应用理论原则时会让人沮丧。但是，因为这里包括的数据专注于实际的、未经公开的问题，所以它们可能会显得有些"杂乱"，存在的现象有：起主导作用的极值、结果变量变化小、系数可靠但是偏差大以及需要两阶段过程。这是这本专著的有意安排，因为它能更好地反映社会科学数据分析的真正过程。

第 2 节 ｜ 相关主题

　　有几个相关的主题在这本专著中没有讨论。广义线性模型的一个重要应用就是分析群组和列表数据。广义线性模型很擅长解决这些问题，读者可以参阅法尔迈和图兹（Fahrmeir & Tutz，1994）或者林赛（Lindsey，1997）的著作。广义迭加模型是广义线性模型的一个自然延伸，其中，每一个解释变量和结果变量都可以定义为非参数形式。尽管这会导致复杂性，但它确实是一个巧妙灵活的工具。但是，即使是一个发展完善的广义迭加模型，也会缺乏广义线性模型中必备的成分：对模型关系的直接分析表达式。黑斯蒂和蒂布希拉尼的著作（Hastie & Tibshirani，1990）是广义迭加模型的开创性著作。

第 3 节 | 延伸阅读

　　广义线性模型的标准和经典参考读物是麦卡拉和内尔德的著作（McCullagh & Nelder，1989）。尽管这本书很流行，但是由于它讨论的内容较高深并使用了大量生物统计学的例子（蜥蜴、甲壳虫、患哮喘的矿工等），导致许多社会学家避而远之。内尔德和韦德伯恩（Nelder & Wedderburn，1972）的文章值得一读，因为它最早定义了广义线性模型。林赛近期的书进行了大量的扩展，像空间关系、动态模型和多项设定。法尔迈和图兹（Fahrmeir & Tutz，1994）的进阶型著作在理论上非常丰富，可以为有数学统计经验的人提供许多有用而实际的观点。多布森（Dobson，1990）用一些有用的问题集提供了一些容易理解的介绍。

　　广义线性模型在现行的统计文献中也是一个活跃的研究领域，发展出许多扩展和修正。齐格和卡里姆（Zeger & Karim，1991）用广义线性模型为集群数据建模，并用吉布斯（Gibbs）抽样来回避接踵而来难对付的似然函数。其他人，像苏和魏（Su & Wei，1991），集中用各种各样或者更复杂的设定来评估模型质量。广义线性混合模型可以适应那些混合了相关随机和固定效应的结果变量（Breslow & Clayton，1993；Wang，Lin，Gutierrez & Carroll，1998；Wolfinger &

O'Connell，1993），但是有一些计算上的挑战（McCulloch，1997）。波拿科西（Buonaccorsi，1996）发展出一些工具来弥补结果变量中引起偏误的测量误差。

正如前面提到的，准似然函数被应用于消除指数族形式的限制。这一建构中，只要求分开前两个矩的特征，而不是一个特定的 PDF 或者 PMF。这一文献大致始于韦德伯恩（Wedderburn，1974）和麦卡拉（McCullagh，1983）的研究，但是势头兴盛于麦卡拉和内尔德著作的第 9 章（McCullagh & Nelder，1989）。一些其他关于准似然广义线性模型的著作则关注对离散建模的广义方法（Efron，1986；Nelder & Pregibon，1987；Pregibon，1984）。

标准计算参数值的数学方法——迭代加权最小二乘法，到目前还局限于指数族形式。放宽这些限制是目前一个活跃的研究领域。哈德尔、马门和穆伦（Härdle，Mammen & Müller，1998）发展出一个广义部分线性模型并使用塞弗里尼和斯坦尼斯瓦利斯（Severini & Staniswalis，1994）的似然估计算法。广义的估计公式（Liang & Zeger，1986；Zeger & Liang，1986）是广义线性模型的延伸，适用于时间序列或者集群研究设计。尽管仍然要求单独时间段间的独立，但它允许有自相关。这一方法（GEE）不要求函数形式与指数族形式相同，但是为了计算简便，它使用与广义线性模型一样的均值和方差函数。

广义线性模型的贝叶斯变量已经被用来合并关于 β 向量的先前信息。最近发展起来的计算机强大的功能使研究者可以极大地受益于贝叶斯的这种方法，其中一些是基于广义线性模型。库克和布罗梅利（Cook & Broemeling，1994）、阿尔伯特（Albert，1988）、内勒和史密斯（Naylor & Smith，1982）强调了计算的问题并做出了很好的概括。其他有启发性的文章包括使用杰弗里（Jeffrey）先验的伊布拉姆和劳德的研究（Ibrahim & Laud，1991），关于脆弱模型的沃克和马利克的研究（Walker & Mallick，1997），关于二项结果变量的泽尔纳和罗西的研究（Zellner & Rossi，1984），关于预测的韦斯特、哈里森和米贡的研究（West，Harrison & Migon，1985）。用贝叶斯先验和超先验的等级广义线性模型是这个领域中应用方法的先锋。好的例子有很多（Daniels & Gatsonis，1999；Albert & Chib，1996；Ghosh，Natarajan，Stround & Carlin，1998；Bennet，Racine-Poon & Wakefield，1996）。

第 4 节 │ 研究动机

产生社会科学统计模型的过程有四步：取得数据并对其编码，设定一个概率模型，将模型应用于数据取得推论，最后判定模型对数据的拟合度。这部专著用统一的过程来发展和检验实证模型，从而直接处理后三个步骤。如果研究者对于广义线性模型的理论基础感到满意，那么模型设定就简化为两个主要的任务：决定纳入的变量和选择合理的连接函数。换句话说，没有必要在满是独特技巧的工具箱中费力寻找。

对于将社会科学的数据应用于参数模型，广义线性模型是一个灵活而统一的构架。灵活性源于指数族形式中包含着广泛类别的概率陈述。通过重铸 PDF 和 PMF 为常见的指数族形式，理论在断裂的不连续和连续概率模型之间架起一座桥梁。因此，在选定了一个合适的连接函数后，区分测量的等级就不再是一个重要的考量。

GLM 框架包括一整套完整的技巧来评估和展现具体模型的拟合度。通过集中评估更广泛意义上的测量和偏差的质量，广义线性模型提供了一个更加紧密结合的框架来测量模型质量。另外，这一方法将模型拟合的注意力从有缺陷的测量上转移开，比如在线性模型中对 R^2 的测量、常见的用 p

值定位，以及对 logit-probit 系数的线性误释。

　　由于几乎每个统计计算软件已经可以使用广义线性模型的方法，因此阻碍其广泛使用的技术障碍已经减少。广泛使用的主要障碍不在技术上，而是在对理论采用的意愿上。解释理论基础是有一定挑战的，尤其是解释给不同的观众。这部专著采取的方法表明，理解理论是关键，但是需要以社会科学家们可以接受的方式来解释和应用。

注释

[1] 比如说,我们有 V 个解释变量,我们可以预测在简单的迭加模型中, $r \leqslant V$。那么设定的总数就是 $\sum_{r=1}^{V} \binom{V}{r}$。也就是, $V = 20$ 得到 $\sum_{r=1}^{20} \binom{20}{r} = 1\ 048\ 575$ 个可能的模型。

[2] 有两个例外值得注意。第一,对于一个列联表,饱和对数线性模型中的交互项(饱和在这里的意思是参数的个数等于表的格数)说明了一个假设关系的关联强度,而且可以通过非独立的推理证据进行验证。这在毕晓普、芬伯格和霍兰(Bishop, Fienberg & Holland, 1975)、古德(Good, 1986)、克赞诺夫斯基(Krzanowski, 1988:第 10 章)和厄普顿(Upton, 1911)的著作中都有讨论。饱和模型第二个有用的应用是在随时间变化参数的时间序列中,需要对每一个点进行估计。在这种设置下,参数允许像其他变量的平滑函数以及时间函数那样变化(Harvery, 1989; Harvery & Koopman, 1993; Hastie & Tibshirani, 1993)。这些结构性的时间序列模型是用数据中未观察到的特征来构建的。

[3] 尽管这是完全正确的,但参数形式的全部设定已经被展现前两个矩而取代,因此在应用广泛的概率函数中已经放宽了这一假设。这就允许隔离平均值和方差函数,函数估计可以用一个"准似然"函数来完成。这一方法的优势在于适应那些不是 i.i.d. 的数据,参看韦德伯恩(Wedderburn, 1974)和麦卡拉(McCullagh, 1983)的讨论。

[4] 需要注意的是,大部分的统计软件对于二项系数或者"选择"操作不允许在一个估计程序中有一个明确的形式:

$$\binom{n}{y} = \frac{n!}{y!(n-y)!}$$

这不是一个严重的问题,因为伽马函数可以相应地被取代:

$$\binom{n}{y} = \frac{\Gamma(n+1)}{\Gamma(y+1)\Gamma(n-y+1)}$$

这里, $\Gamma(a) = \int_{0}^{\infty} t^{a-1} e^{-t} dt$。

[5] 一个替代但是等同的形式:

$$f(y \mid r, p) = \binom{y-1}{r-1} p^r (1-p)^{y-r}$$

测量得到 r 次成功的试验数量。

[6] 具体来说，常数范围（a，b）可以用莱布尼茨（Leibnitz）的规则：$d/d\psi \int_a^b (y, \psi)dy = \int_a^b (\partial/\partial\psi)f(y, \psi)dy$，或者勒贝格（Lebesgue）对于无穷范围的主要收敛定理：$d/d\psi \int_{-\infty}^{\infty} (y, \psi)dy = \int_{-\infty}^{\infty} (\partial/\partial\psi)f(y, \psi)dy$，这里有一些函数 $g(y) \geqslant |f(y, \psi)|$，$\int_{-\infty}^{\infty} g(y) < \infty$。

[7] 对于非连续随机变量，用总和替换方程[3.5]中的集合。

[8] 这一测量包括 AA 度及以上。观测到的图似乎要低，是因为小孩和现在录取的大学生包括在了分母中。除了得到一个学位，它也没有算大学的出席人数。

[9] 例子可以参看"WORKSHOP：A Unified Theory of Generalized Linear Models"，Jeff Gill。可在 http://web.clas.ufl.edu/~jgill 上找到。

[10] 一个矩阵 $\mathbf{A}$ 是正定的，前提是满足对于任何一个非零的 $k \times 1$ 向量 $\mathbf{x}$，$\mathbf{x}'\mathbf{A}\mathbf{x} > 0$。

[11] 我已经用 $a - 1 = -1/3$，$b - 1 = -1/3$ 复制了这一数学函数，并且用拉盖尔—高斯（Laguerre-Gaussian）正交精确复制了考克斯和斯内尔的表格。这个表格和为各种统计包写的查找程序的电子版在我的网站上均可以找到：http://web.clas.ufl.edu/~jgill。考克斯和斯内尔的原始表格有所改变，是因为它现在有两个列向量：第一个是指数值，第二个是 $I(\ )$ 值。这一方法辅助软件查找，而不是靠人为地将列和行的指数进行交互的传统 Fisheresque 方法。安斯库姆残差之所以与其他形式相比不是很流行，部分原因就是难以获得这些列表数值。

[12] 数据在网站 http://goldmine.cde.ca.gov 或者我的网页上免费提供。人口学的数据由 CDE 教育人口学单位提供，收入数据由国家中心教育统计局提供。对于一些重要数据的搜集和整合事宜，参看西奥博尔德和吉尔的著作（Theobald & Gill, 1999）。

参考文献

AKAIKE, H. (1973) "Information theory and an extension of the maximum likelihood principle." In N. Petrov &. Csàdki(Eds.), *Proceedings of the Second International Symposium on Information Theory* (pp. 716—723). Budapest: Akadémiai Kiadó.

AKAIKE, H. (1974) "A new look at statistical model identification." *IEEE Transactions on Automatic Control*, AU-19, 716—722.

AKAIKE, H. (1976) "Canonical correlation analysis of time series and the use of an information criterion." In R.K. Mehra &. D.G.Lainiotis(Eds.), *System Identification: Advances and Case Studies*, (pp. 52—107). New York: Academic Press.

ALBERT, J.H. (1988) "Computational methods using a Bayesian hierarchical generalized Linear model." *Journal of the American Statistical Association*, 83, 1037—1044.

ALBERT; J.H., &. Chib, S. (1996) "Bayesian tests and model diagnostics in conditionally independent hierarchical models." *Journal of the American Statistical Association*, 92, 916—925.

AMEMIYA, T. (1980) "Selection of regressors." *International Economic Review*, 21, 331—354.

AMEMIYA, T. (1981) "Qualitative response models: A survey." *Journal of Economic Literature*, XIX, 1483—1536.

AMIMIYA, T. (1985) *Advanced Econometrics*. Cambridge, MA: Harvard University Press.

ANSCOMBE, F J. (1960) "Rejection of outliers." *Technometrics*, 2, 123—147.

ANSCOMBE, F J. (1981) "Examination of residuals." *Proceedings of the Fourth Berkeley Symposium on Mathematical Statistics and Probability*. Berkeley: University of California Press.

BAKER, R.J., &. NELDER, J.A. (1978) *GLIM Manual*, *Release 3*. Oxford: Numerical Algorithms Group and Royal Statistical Society.

BALDUS, D.C., &. COLE, J.W.L. (1980) *Statistical Proof of Discrimination*. New York: McGraw Hill.

BARNDORFF-NIELSEN, O. (1978) *Information and Exponential Families in Statistical Theory*. New York: Wiley.

BARNETT, V. (1973) *Comparative Statistical Inference*. New York: Wiley.

BECKER, W.E., & BAUMOL, W.J. (Eds.). (199b) *Assessing Educational Practices: The Contribution of Economics*. Cambridge: MIT Press.

BENNET, J. E., RACINE-POON, A., & WAKEFTELD, J. C. (1996) "MCMC for non-linear hierarchical models." In W.R. Gilks, S.Richardson, & D. J. Spiegelhalter (Eds.), *Markov Monte Carlo in Practice*. London: Chapman & Hall.

BIRNBAUM, A. (1962) "On the foundations of statistical inference (with Discussion)." *Journal of the American Statistical Association*, *57*, 269—306.

BISHOP, Y.M.M.FIENBERG, S.E., & HOLLAND, P.W. (1975). *Discrete Multivariate Analysis: Theory and Practice*. Cambridge, MA: MIT Press.

BOYD, W.L. (1998) "Productive schools from a policy perspective." In W. T.Hartman & W.L.Boyd(Eds). *Resource Allocation and Productivity in Education: Theory and Practice*. (pp. 1—22). Westport, CN: Greenwood Press.

BOYD, W. L., & HARTMAN, W.T. (1998) "The politics of educational productivity." In W.T.Hartman & W.L.Boyd (Eds). *Resource Allocation and Productivity in Education: Theory and Practice*. (pp. 23—56). Westport, CN: Greenwood Press.

BRADLEY, R.A., & GART, J.J. (1962) "The asymptotic properties of ML estimators when sampling from associated populations." *Biometrika*, *49*, 205—214.

BRESLOW, N.E., & CLAYTON, D.G. (1993) "Approximate inference in generalized linear mixed models." *Journal of the American Statistical Association*, *88*, 9—25.

BROWN, M.B., & FUCHS, C. (1983) "On maximum likelihood estimation in sparse contingency tables." *Computational Statistics and Data Analysis*, *1*, 3—15.

BUONACCORSI, J.P. (1996) "Measurement error in the response in the general linear model." *Journal of the American Statistical Association*, *91*, 633—642.

CARLIN, B.P., & LOUIS, T.A. (1996) *Bayes and Empirical Bayes Methods for Data Analysis*. New York: Chapman & Hall.

CASELLA, G., & BERGER R. L. (1990) *Statistical inference*. Pacific

Grove, CA: Wadsworth & Brooks/Cole.

COOK, P. , & BROEMELING, L.D. (1994) "A Bayesian WLS approach to generalized linear models." *Communications in Statistics : Theory Methods Methods*, *23*, 3323—3347.

COX, D.R. , & SNELL, E.J. (1968) "A general definition of residuals." *Journal of the Royal Statistical Society. Series B*, *30*, 248—265.

DANIELS, M.J. , & GATSONIS, C. (1999) "Hierarchical generalized linear models in the analysis of variations in healthcare utilization." *Journal of the American Statistical Association*, *94*, 29—42.

DEGROOT, M.H. (1986) *Probability and Statistics*. Reading, MA: Addison-Wesley.

DEL PINO, G. (1989) "The unifying rote of iterative generalized least squares in statistical algorithms." *Statistical Science*, *4*, 394—408.

DOBSON, A.J. (1990) *An Introduction to Generalized Linear Models*. New York: Chapman & Hall.

EFRON, B. (1986) "Double exponential families and their use in generalized linear regression." *Journal of the American Statistical Association*, *81*, 709—721.

FAHRMEIR, L. , & KAUFMAN, H. (1985) "Consistency and asymptotic normality of the maximum likelihood estimator in generalized linear models." *The Annals of Statistics*, *13*, 342—368.

FAHRMEIR, L. , & TUTZ, G. (1994) *Multivariate Statistical Modelling Based on Generalized Linear Models*. New York: Springer-Verlag.

FISHER, R.A. (1922) "On the mathematical foundations of theoretical statistics." *Philosophical Transactions of the Royal Statistical Society of London A*, *222*, 309—360.

FISHER. R.A. (1925) "Theory of statistical estimation." *Proceedings of the Cambridge Philosophical Society*, *22*, 700—725.

FISHIER, R.A. (1934) "Two new properties of mathematical likelihood." *Proceedings of the Royal Society A*, *144*, 285—307.

GHIOSHI, M. , NATARAJAN, K. , STROUD, T.W.F. , & CARLIN, B. P. (1998) "Generalized linear models for small-area estimation." *Journal of the American Statistical Association*, *93*, 273—282.

GILL, J. (1999) "The insignificance of null hypothesis significance testing." *Political Research Quarterly*, *52*, 647—674.

GOOD, I.J. (1986) "Saturated model or quasimodel: A point of terminology." *Journal of Statistical Computation and Simulation*, *24*, 168—169.

GREEN, P. I. (1984) "Iteratively reweighted least squares for maximum likelihood estimation, and some robust and resistant alternatives." *Journal of the Royal Statistical Society*, Series B, *46*, 149—192.

GREENE, W. (1997) *Econometric Analysis* (3rd ed.). New York: Prentice Hall.

GREENE, W. (2000) *Econometric Analysis* (4th ed.). New York: Prentice Hall.

GREENWALD, A. G. (1975) "Consequences of prejudice against the null hypothesis." *Psychological Bulletin*, *82*, 1—20.

HANUSHEK, E. A. (1981) "Throwing money at schools." *Journal of Policy Analysis and Management*, *1*, 19—41.

HANUSHEK, E. A. (1986) "The economics of schooling: produetinn and efficiency in public schools." *Journal of Economic Literature*, *24*, 1141—1177.

HANUSHEK, E. A. (1994) "Money might natter somewhere: A response to Hedges, Laine, and Greenwald." *Educational Researcher*, *23*, 5—8.

HÄRDLE, W., MAMMEN, E., & MÜLLER, M. (1988) "Testing parametric versus semiparametric modeling in generalized linear models." *Journal of the American Statistical Association*, *89*, 501—511.

HARVEY, A. (1989) *Forerasting*, *Statistical Time Series Models and the Kalman Filter*. Cambridge: Cambridge University Press.

HARVEY, A., & KOOPMAN, S.J. (1993) "Forecasting hourly electricity demand using time-varying splines." *Journal of the American Statistical Association*, *88*, 1228—1236.

HASTIE, T.J., & TIBSHIRANI, R.J. (1990) *Generalized Additive Models*. New York: Chapman & Hall.

HASTIE, T.J., & TIBSHIRANI, R.J. (1993) "Varying-coefficient models." *Journal of the Royal Statistical Society*, Series B, *55*, 757—796.

HEDGES, L.V., LAINE, R.D. & GREENWALD, R. (1994) "Does money matter? A meta-analysis of studies of the effects of differential school inputs on student outcomes." *Educational Researcher*, *23*, 383—393.

IBRAHIM, J.G., & LAUD, P.W. (1991) "On Bayesian analysis of generalized linear models using Jeffreys' prior." *Journal of the American Statistical Association*, *86*, 981—986.

JØRGENSEN, B. (1983) "Maximum likelihood estimation and large-sample inference for generalized linear and nonlinear regression models." *Biometrics*, *70*, 19—28.

KASS, R. E. (1993) "Bayes factors in practice." *The Statistician*, *42*, 551—560.

KAUFMAN, H. (1987) "Regression models for nonstationary categorical time series: Asymptotic estimation theory." *Annals of Statistics*, *15*, 79—98.

KING, G. (1989) *Unifying Political Methodology: The Likelihood Theory of Statistical Inference*. Cambridge: Cambridge University Press.

KLEPPNER, D., & RAMSEY, N. (1985) *Quirk Calculus: A Self-teaching Guide*. New York: Wiley Self Teaching Guides.

KOEHLER, A. B., & MURPHREJ, E. S. (1988) "A comparison of the Akaike and Schwarz criteria for selecting model order." *Applied Statistics*, 187—195.

KRZANOWSKI, W. J. (1988) *Principles of Multivariate Analysis*. Oxford: Clarendon Press.

LEAMER, E. E. (1978) *Specification Searches: Ad Hoc Inference with Nonexperimental Data*. New York: Wiley.

LE CAM, L., & YANG, G. L. (1990) *Asymptotics in Statistics: Some Basic Concepts*. New York: Springer-Verlag.

LEHMANN, E. L., & CASELLA, G. (1998) *Theory of Point Estimation* (2nd ed). New York: Springer-Verlag.

LIANG, K. Y., & ZEGER, S. L. (1985) "Longitudinal analysis using generalized linear models." *Biometrika*, *73*, 13—22.

LINDSAY, R. M. (1995) "Reconsidering the status of tests of significance: An alternative criterion of adequacy." *Accounting*, *Organizations and Society*, *20*, 35—53.

LINDSEY, J. K. (1997) *Applying Generalized Linear Models*. New York: Springer-Verlag.

MAURICE, S. C., & SMITHSON, C. W. (1985) *Managerial Economics: Applied Micro-Economics for Decision Making*. Homewood, IL: Irwin.

McCULLAGH, P. (1983) "Quasi-likelihood functions." *The Annals of Statistics*, *11*, 59—67.

McCULLAGH, P., & Nelder, J. A. (1989) *Generalized Linear Models*. (2nd ed.). New York: Chapman & Hall.

McCULLOCH, C.E. (1997) "Maximum likelihood algorithms for generalized linear mixed models." *Journal of the American Statistical Association*, *92*, 162—170.

McGILCHRIST, C.A. (1994) "Estimation in generalized mixed models." *Journal of the Loyal Statistical Society*, Series B, *55*, 945—955.

MEIER, K.J., STEWART, J., Jr., & ENGLAND, R.E. (1991) "Tire politics of bureaucratic discretion: Education access as an urban service." *American Journal of Political Science*, *35*(1), 155—177.

MILLER, A.J. (1990) *Subset Selection in Regression*. New York: Chapman & Hall.

MURNANE, R.J. (1975) *The Impact of School Resources on the Learning of Inner City Children*. Cambridge: Ballinger Press.

NAYLOR, J.C., & SMITH, A.F.M. (1982) "Applications of a method for the efficient computation of posterior distributions." *Applied Statistics*, *31*, 214—225.

NEFTÇI, S.N. (1982) "Specification of economic time series models using Akaike's criterion." *Journal of the American Statistical Association*, *77*, 537—540.

NELDER, J.A., & PREGIBON, D. (1987) "An extended quasi-likelihood function." *Biometrika*, *74*, 221—232.

NELDER, J.A., & WEDDERBURN, R.W.M. (1972) "Generalized linear models." *Journal of the Royal Statistical Society*, Series A, *135*, 370—385.

NETER, J., KUTNER, M.H., NACHTSHEIM, C.J., & WASSERMAN, W.(1996) *Applied Linear Regression Models*. Chicago: Irwin.

NORDBERG, L. (1980) "Asymptotic normality of maximum likelihood estimators based on independent unequally distributed observation in exponential family models." *Scandinavian Journal of Statistics*, *7*, 27—32.

PEERS, H.W. (1971) "Likelihood ratio and associated test criteria." *Biometrika*, *58*, 577—589.

PIERCE, D.A., & SCHAFER, D.W. (1986) "Residuals in generalized linear models." *Journal of the American Statistical Society*, *81*, 977—986.

PREGIBON, D. (1981) "Logistic regression diagnostics." *The Annals of Statistics*, *9*, 705—724.

PREGIBON, D. (1984) "Review of generalized linear models by McGullagh and Nelder." *American Statistician*, *12*, 1589—1596.

QUINLAN, C. (1987) *Year-round Education, Year-round Opportunities: A Study of Year-round Education in California.* Sacramento: California State Department of Education.

RAFTERY, A.E. (1995) "Bayesian model selection in social research." In P. V. Marsden, (Ed.). *Sociological Methodology.* (pp. 111—195). Cambridge, MA: Blackwells.

ROZEBOOM, W.W. (1960) "The fallacy of the null hypothesis significance test." *Psychological Bulletin, 57*, 416—428.

SAWA, T. (1978) "Information criteria for discriminating among alternative regression models." *Econometrica, 46*, 1273—1291.

SCHWARZ, G. (1978) "Estimating the dimension of a model." *Annals of Statistics, 6*, 461—464.

SEVERINI, T.A., & STANISWALIS, J.G. (1994) "Quasi-likelihood estimation in semiparametric models." *Journal of the American Statistical Association, 89*, 501—511.

SU, J.Q., & WEI, L.J. (1991) "A lack-of-fit test for the mean function in a generalized linear model." *Journal of the American Statistical Association, 86*, 420—426.

THEOBALD, N., & GILL, J. (1999) "Looking for data in all the wrong places: An analysis of California's STAR results." *Paper presented at the Annual Meeting of the Western Political Science Association, Seattle, WA, March.* Available at hbtp://web.clas.ufl..edu/-jgill.

UPTON, G.J.G. (1991) "The exploratory analysis of survey data using log-linear models." *The Statistician, 40*, 169—182.

WALKER, S.G., & MALLICK, B.K. (1997) "Hierarchical generalized linear models and frailty models with Bayesian nonparametric mixing." *Journal of the Royal Statistical Society, Series B, 59*, 845—860.

WANG, N., LIN, X., GUTIERREZ, R.G., & CARROLL, R.J. (1998) "Bias analysis and SIMEX approach in generalized linear mixed measurement error models." *Journal of the American Statistical Association, 93*, 249—261.

WEAVER, T. (1992) "Year-round education." *ERIC Digest, 68*, ED342107.

WEDDERBURN, R.W.M. (1974) "Quasi-likelihood functions, generalized linear models, and the Gauss-Newton method." *Biometrika, 61*, 439—447.

WEDDERBURN, R.W.M. (1976) "On the existence and uniqueness of the

maximum likelihood estimates for certain generalized linear models."
Biometrika, *63*, 27—32.

WEST, M., HARRISON, P.J., & MIGON, H.S. (1985) "Dynamic generalized linear models and Bayesian forecasting." *Journal of the American Statistical Association*, *80*, 73—83.

WIRT. F.M., & KIRST, M.W. (1975) *Political and Social Foundations of Education*. Berkeley: McCutchan.

WOLFINGER, R., & O'CONNELL, M. (1993) "Generalized linear mixed models: A pseudolikelihood approach." *Journal of Statistical Computation and Simulation*, *48*, 233—243.

ZEGER, S.L., & KARIM, R. (1991) "Generalized linear models with random effects: A Gibbs sampling approach." *Journal of the American Statistical Association*, *86*, 79—86.

ZEGER, S.L., & LIANG, K.Y. (1986) "Longitudinal data analysis for discrete and continuous outcomes." *Biometrics*, *42*, 121—130.

ZELLNER, A., & ROSSI. P.E. (1984) "Bayesian analysis of dichotomous quantal response models." *Journal of Econometrics*, 25, 365—393.

ZHANG, P. (1992) "On the distributional properties of model selection." *Journal of the American Statistical Association*, *87*, 732—737.

译名对照表

Akaike information criterion	赤池信息准则
Anscombe residuals	安斯库姆残差
binomial distribution	二项分布
canonical link	规范连接
confidence interval	置信区间
Cramer-Rao lower bound	克拉美-罗下界
cumulant function	累积量函数
cumulative standard normal distribution	累积标准正态分布
deviance residuals	偏差残差
exponential family	指数族
first difference	一阶差分
Fisher scoring	费歇得分算法
full range	全间距
Gamma distribution	伽马分布
Generalized Linear Model(GLM)	广义线性模型
goodness of fit	拟合度
independent identical distribution (i.i.d.)	独立同分布
interquartile range	四分位间距
inverse link	逆连接
iterative weighted least squares (IWLS)	迭代加权最小二乘法
Lindeburg-Feller variant	林德伯格—费勒变体
link function	连接函数
maximum likelihood estimation	最大似然估计
measure	测度
model fit plot	模型拟合图
multiparameter models	多元参数模型
negative binomial distribution	负二项分布
Newton-Raphson rooting finding	牛顿—莱福逊求根法
normal distribution	正态分布
normal-quantile plot	正态分布分位图
null model	零模型

Ordinary Least Squares(OLS)	普通最小二乘法
Pearson residual	皮尔森残差
Poisson distribution	泊松分布
Probability Density Functions(PDF)	概率密度函数
Probability Mass Functions(PMF)	概率质量函数
remaining function	剩余函数
reparameterization	再参数化
residual dependence plot	残差相关图
response residual	响应残差
saturated model	饱和模型
Schwartz criterion/Bayesian Information Criterion (BIC)	施瓦茨准则/贝叶斯信息准则
stochastic component	随机成分
summed deviance	总和偏差
systematic component	系统成分
Two-stage Generalized Linear Model(2SLS)	两阶段广义线性模型
variance function	方差函数
weighted least squares	加权最小二乘法
working residual	工作残差
Yates' correction factor	耶茨矫正因子

图书在版编目(CIP)数据

广义线性模型：一种统一的方法/(美)吉尔
(Gill，J.)著；王彦蓉译.—上海：格致出版社：上
海人民出版社，2014
(格致方法·定量研究系列)
ISBN 978-7-5432-2450-6

Ⅰ.①广… Ⅱ.①吉…②王… Ⅲ.①线性模型-研
究 Ⅳ.①O212

中国版本图书馆 CIP 数据核字(2014)第 243554 号

责任编辑 顾 悦
美术编辑 路 静

格致方法·定量研究系列

广义线性模型：一种统一的方法

[美]杰夫·吉尔 著

王彦蓉 译 许多多 校

出 版 世纪出版股份有限公司 格致出版社 世纪出版集团 上海人民出版社 (200001 上海福建中路 193 号 www.ewen.co) 编辑部热线 021-63914988 市场部热线 021-63914081 www.hibooks.cn 发 行 上海世纪出版股份有限公司发行中心	印 刷 浙江临安曙光印务有限公司 开 本 920×1168 1/32 印 张 4.75 字 数 92,000 版 次 2015 年 1 月第 1 版 印 次 2015 年 1 月第 1 次印刷

ISBN 978-7-5432-2450-6/C·115   定价：22.00 元